纺织与服装专业
新形态教材系列

Digital Design
of Clothing
CLO3D Expressive Method

徐万清 主编
吴训信 和 健 副主编

服装数字化设计：CLO3D表现技法

化学工业出版社
·北京·

内容简介

本书从服装数字化未来入手，介绍了数字化技术在服装行业的应用，然后以CLO3D系统为平台，设置了CLO3D界面介绍、CLO3D常用工具、渲染与动态走秀、常见男女装案例应用4个项目、20个任务。其中项目1~3为CLO3D软件基本工具运用，项目4为结合企业服装案例的拓展和综合应用。

本书前后项目和任务知识、技能联系密切，应用实例包括多种服装，涉及面广。本书可作为高职高专学校服装专业教材，以及服装企业、公司或相关专业学习者的自学用书和参考书。

图书在版编目（CIP）数据

服装数字化设计：CLO3D表现技法 / 徐万清主编；吴训信，和健副主编. -- 北京：化学工业出版社，2024. 12 --（纺织与服装专业新形态教材系列）.
ISBN 978-7-122-46783-6

Ⅰ．TS941.26

中国国家版本馆CIP数据核字第2024M0M014号

责任编辑：徐　娟　　　　　　　　　　　　装帧设计：中海盛嘉
责任校对：刘曦阳　　　　　　　　　　　　封面设计：刘丽华

出版发行：化学工业出版社（北京市东城区青年湖南街13号　邮政编码100011）
印　　装：河北京平诚乾印刷有限公司
787mm×1092mm　1/16　印张10　字数200千字　2025年1月北京第1版第1次印刷

购书咨询：010-64518888　　　　　　　　　售后服务：010-64518899
网　　址：http://www.cip.com.cn
凡购买本书，如有缺损质量问题，本社销售中心负责调换。

定　　价：59.80元　　　　　　　　　　　　版权所有　违者必究

前言

CLO3D是一款被广泛应用于服装设计打版、生产以及销售互动、3D虚拟展示的软件,功能强大、易学易用,并能与其他软件流畅地配合使用。能提供给服装设计者全新的创作思维与设计工具,使设计者可以更直观、快速地进行设计,无限发挥创意,设计出优秀的作品,越来越多的服装企业开始引入CLO3D服装技术。

目前,我国很多高等职业院校的服装设计相关专业,都将CLO3D设为一门重要的专业课程。为了帮助高等职业院校的教师全面、系统地讲授这门课程,使学生能够熟练地使用CLO3D来制作服装3D效果图,我们几位长期从事CLO3D教学的教师联合企业3D数字服装设计师共同编写了本书。

本书有以下特点。

(1)在案例选取方面,校企"双元"合作开发,产教深度融合,以学习、使用CLO3D软件为基础,引入优秀服装企业设计案例作为编写内容,符合服装行业实际需求,贴合学生的实际需要。

(2)在内容设计方面,力求细致全面、重点突出,同时注重思政元素与案例的融合,运用企业案例和素材优化教学内容,培养学生精益求精的工匠精神,树立创新、绿色、可持续发展的设计意识,增强文化自信等思政素养。

(3)在配套资源方面,提供了案例板片、材质贴图、案例完成源文件,并录制了对应的教学视频,方便学生随时扫码打开视频。特别是对于软件难点操作步骤,学生可以反复观看,重复练习,直到把软件掌握为止。

本书由广东女子职业技术学院徐万清主编,广东女子职业技术学院吴训信、和健副主编,参编人员有广东艾丽斯智造科技有限公司姚铸昌、广州市纺织服装职业学校吕智嫔等,具体编写分工如下:和健负责项目1编写;姚铸昌、吕智嫔负责项目2编写;吴训信负责项目3编写;徐万清负责项目4编写。本书是广东省教育科学规划课题(高等教育专项)"数字化背景下岭南文化融入服装专业课程体系建设路径研究"(项目编号:2023GXJK789)、广东女子职业技术学院"服装产业数字化创意设计应用技术创新中心"(项目编号:XTCXZX202304)、广东女子职业技术学院2024年《服装3D设计与应用》课程思政示范课程的成果。

由于编者水平有限,书中难免存在错误和不足之处,敬请广大读者批评指正。

编者

2024年10月

目录

项目1 **CLO3D界面介绍** ····················· 1

    任务1.1　CLO3D数字化应用 ··················· 2

    任务1.2　CLO3D模式 ························ 3

    任务1.3　模拟模式界面 ······················· 6

    任务1.4　虚拟模特调整 ······················ 18

项目2 **CLO3D常用工具** ····················· 22

    任务2.1　缝纫类工具 ······················· 23

    任务2.2　修改板片类工具 ···················· 27

    任务2.3　创建板片类工具 ···················· 36

    任务2.4　创建内部图形类工具 ················· 39

    任务2.5　常用工具运用——女T恤制作 ············ 43

    任务2.6　常见问题纠错 ····················· 61

项目3 **渲染与动态走秀** ····················· 64

    任务3.1　图片渲染 ························ 65

    任务3.2　灯光效果 ························ 70

    任务3.3　动态走秀 ························ 76

项目4　常见男女装案例应用 ·················· 82

  任务4.1　贴边、嵌条效果——旗袍制作············ 83

  任务4.2　褶裥效果——马面裙制作················ 97

  任务4.3　翻折、粘衬效果——衬衣制作············ 106

  任务4.4　充气效果——羽绒服制作················ 117

  任务4.5　拉链效果——机车夹克制作·············· 124

  任务4.6　明线效果——破铜牛仔裤制作············ 133

  任务4.7　男西装制作····························· 144

参考文献 ······························ 154

随书附赠资源，请访问https://www.cip.com.cn/Service/Download下载。在如图所示位置，输入"46783"点击"搜索资源"即可进入下载页面。

资源下载

| 46783 | 搜索资源 |

教学内容及课时安排

项目/课时	任务	课程内容
项目1 CLO3D界面介绍（4课时）	1.1	CLO3D数字化应用
	1.2	CLO3D模式
	1.3	模拟模式界面
	1.4	虚拟模特调整
项目2 CLO3D常用工具（12课时）	2.1	缝纫类工具
	2.2	修改板片类工具
	2.3	创建板片类工具
	2.4	创建内部图形类工具
	2.5	常用工具运用——女T恤制作
	2.6	常见问题纠错
项目3 渲染与动态走秀（8课时）	3.1	图片渲染
	3.2	灯光效果
	3.3	动态走秀
项目4 常见男女装案例应用（32课时）	4.1	贴边、嵌条效果——旗袍制作
	4.2	褶裥效果——马面裙制作
	4.3	翻折、粘衬效果——衬衣制作
	4.4	充气效果——羽绒服制作
	4.5	拉链效果——机车夹克制作
	4.6	明线效果——破铜牛仔裤制作
	4.7	男西装制作

注：各院校可根据自身的教学特点和教学计划对课程时数进行调整。

项目 1
CLO3D界面介绍

建议课时：4课时

教学目标

知识目标
1. 了解CLO3D软件在服装行业、企业中的应用现状和未来发展趋势
2. 掌握CLO3D软件模式特点
3. 掌握CLO3D软件界面特点

能力目标
1. 能够熟练操作CLO3D服装窗口和2D板片窗口
2. 能够在图库窗口熟练添加素材文件
3. 能够根据设计需求熟练调整虚拟模特相关参数

思政目标
1. 通过了解软件在服装行业的应用，培养学生树立科技、时尚、绿色可持续发展的服装设计师意识
2. 通过了解软件在服装行业的应用，培养学生树立诚信负责、爱岗敬业的服装设计师岗位职责意识

任务1.1　CLO3D数字化应用

CLO3D是一款被广泛应用于服装设计打版、生产以及销售互动、3D虚拟展示的软件。软件在服装设计、面料模拟、色彩选择、印绣花稿设计定位、3D试衣审版、快速验证纸样版型、样衣评估等方面发挥重要作用，极大地提高了产品设计开发效率，不仅避免了浪费，更能大幅降低产品开发成本。

因CLO3D拥有非常高效、强大的功能，为服装制作与流程管理提供了完整的解决方案，如实时工艺分析、可视化管理和全面的成本审计功能，越来越多的服装企业开始引入CLO3D技术，并在服装设计打版和生产管理及销售领域发挥重要的作用。CLO3D在未来的服装设计和生产流程中逐渐占据领导地位。

CLO3D虚拟仿真软件的优势主要体现在以下几个方面。

① 即时模拟与反馈。CLO3D软件能够实现2D与3D的同步模拟，设计师可以即时看到板片、颜色、纹理等更改的效果，从而能即时检查服装的造型设计和贴合性，并及时做出调整，大大缩短了服装研发周期。

② 精准模拟布料属性。CLO3D能够精确模拟布料的悬挂性，如轻质平纹布和针织布料等不同物理属性的布料。设计师可以浏览软件全面的布料库，即时看到效果，并根据需要应用粘衬、粘衬条和归拔等技术，调整3D服装的贴合性。

③ 多角度与动态展示。通过CLO3D制作的虚拟服装可以通过多视角、多姿势及动态走秀的方式进行展示。设计师和客户可以从360°多角度观察虚拟服装设计作品。同时，软件中的虚拟模特可以自由调整动态，呈现丰富的效果。这对于促进服装设计的整体性和实现理想设计作品非常有帮助。

④ 提高设计效率。可以利用CLO3D现有的模块进行组合设计，同时在人体模特上快速设计服装造型，并自动生成板片，从而大大提高设计效率。

⑤ 节省成本和时间。CLO3D允许设计师在计算机上直接虚拟缝制出具有逼真效果的成衣，并在虚拟模特试衣中即时展示裁剪及各类工艺的调整情况，省去了样衣制造过程，缩短了生产周期，节约了生产成本，使产品能更快进入市场。

⑥ 易用性。该软件易于学习，用户可以通过简单的点击和操作查询设计作品，无论

是初学者还是有经验的设计师都能快速上手。软件官网提供了视频教学和资源，帮助用户在线学习如何使用CLO3D。

综上所述，CLO3D虚拟仿真软件通过其强大的功能和用户友好的界面，为服装设计带来了革命性的变化，极大地提高了设计效率和质量，同时降低了成本，是现代服装设计不可或缺的工具。

任务1.2　CLO3D模式

CLO3D 7.2软件提供6个模式，左键单击软件右上角模式旁边的三角形打开隐藏模式下拉列表，里面分别有模拟、动画、印花排放、面料计算、模块化、UV编辑6个模式，如图1-1中右上角红色数字所示。相较于之前的其他版本，由原来的9个模式优化调整成6个模式，之前版本软件的物料清单、齐色、查看齐码3个模式调整到"编辑器"菜单，如图1-1中左上角红色数字所示。

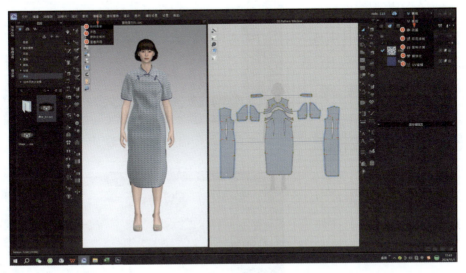

图1-1　模式介绍

在本书中，常用的是模拟和动画2个模式，在后面任务内容讲解和实操中，如软件界面介绍、窗口操作、工具运用、服装项目案例制作等，都是在模拟模式下展开讲解；在讲解和实操动画录制时，则是在动画模式下展开讲解。每个模式的功能和界面有所不同,下面将逐一介绍每个模式的界面和功能。

1.2.1 模拟模式

模拟模式从上至下,从左往右由菜单栏、图库窗口、3D工具栏、3D服装窗口、2D板片窗口、2D工具栏、物体窗口和属性编辑器8部分构成,如图1-2中彩色框所示。

1.2.2 动画模式

动画模式界面在模拟模式界面基础上,保留了菜单栏、图库窗口、3D服装窗口(即动画观察窗口)、物体窗口、属性编辑器,增加了动画编辑栏,去掉了3D工具栏、2D工具栏、2D板片窗口,如图1-3彩色框所示。

在动画编辑栏可以设置模特动作、动画时间、模拟渲染走秀;在3D服装窗口可以观察模特走秀状态,添加背景和舞台。动画模式将在项目3任务内容展开详细讲解实操。

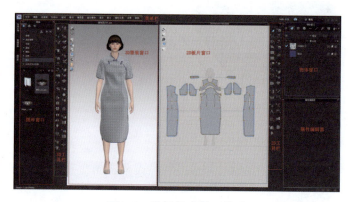

图1-2 模拟模式界面构成

图1-3 动画模式界面构成

1.2.3 印花排放模式

印花排放模式由图库窗口、3D服装窗口、排料窗口、物体窗口和属性编辑器构成。与模拟模式相比较,窗口界面基本一致,不同的是印花排放模式的排料窗口替代了模拟模式的2D板片窗口,如图1-4中红色框所示。

图1-4 印花排放模式界面构成

界面中的3D服装窗口用于显示服装样衣的最终效果，与排料窗口对应；排料窗口用于模拟排料的预览与保存；物体窗口用于浏览选择面料的种类与面料名称；属性编辑器用于设置面料的幅宽与面料的花型等。

1.2.4 面料计算模式

在面料计算模式下可以进行面料准备与相应硬件器材准备，按照提示进行面料重量、面料弯曲强度、面料拉伸度的测试。该模式自动计算测量值，结合面料高清扫描仪得到面料颜色贴图、法线贴图、高光贴图从而生成面料，如图1-5所示。

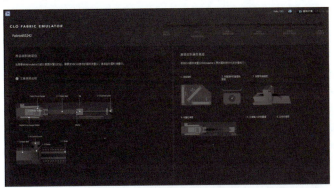

图1-5　面料计算模式界面构成

1.2.5 模块化模式

模块化模式与模拟模式窗口界面一致，不同的是在2D板片窗口上面增加了模块预设模板库，如图1-6红色框所示。

在模块化窗口，左键单击模块预设模板，打开模块库，选择一款服装板片模块，添加到2D板片窗口，通过简单地组合和修改板片模块，可以节省板片制作时间，方便设计师快速进行服装设计。

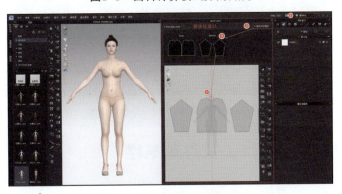

图1-6　模块化模式界面构成

1.2.6 UV编辑模式

UV编辑模式与模拟模式窗口界面一致，不同的是将2D板片窗口换成了UV编辑窗口，如图1-7红色框所示。

图1-7　UV编辑模式界面构成

在UV编辑窗口，可以创建材质（例如板片、纽扣、拉链等）的UV贴图，并使用法线图、高光图、金属图和Alpha贴图进行烘焙，也可以做UV贴图排版。

任务1.3　模拟模式界面

模拟模式下，软件的界面由菜单栏、图库窗口、3D工具栏、3D服装窗口、2D板片窗口、2D工具栏、物体窗口和属性编辑器8部分构成。本任务将介绍模拟模式下，软件的界面构成和各窗口的功能。

1.3.1　菜单栏

菜单栏包含文件、编辑、3D服装、2D板片、缝纫、素材、编辑器、虚拟模特、渲染、显示、偏好设置、设置、帮助13个菜单，如图1-8所示。下面将详细介绍每个菜单的功能。

| 文件 | 编辑 | 3D服装 | 2D板片 | 缝纫 | 素材 | 编辑器 | 虚拟模特 | 渲染 | 显示 | 偏好设置 | 设置 | 帮助 |

图1-8　菜单栏

1.3.1.1　文件菜单栏

主要用于新建/打开/保存、导入/导出、渲染导出、退出等操作，如图1-9所示。

下面详细介绍常用命令组。

（1）新建/打开/保存命令组

分为新项目、新服装、打开（图1-10）、增加（图1-11）、保存项目文件、另存为（图1-12、表1-1）。

文件的保存类型有很多种，如图1-13红色框所示。

图1-9　文件菜单工具

项目 1　CLO3D 界面介绍

图1-10　"打开"列表

图1-11　"增加"列表

图1-12　"另存为"列表

表1-1　新建/打开/保存命令组

图标、名称、快捷键	命令功能
新项目　Ctrl+N	清除现有3D、2D窗口中项目，创建新项目
新服装	清除现有3D、2D窗口中服装，创建新服装
打开	打开保存的项目、服装、板片、附件、模特等，如图1-10所示，但清除窗口原有项目、服装等
增加	在3D、2D窗口增加项目、服装等，如图1-11所示，且保留窗口原有项目、服装等
保存项目文件　Ctrl+S	保存项目文件，包括虚拟模特、板片、面料、姿势等
另存为	可将文件以项目或服装、板片、附件、模特等形式保存，如图1-12所示

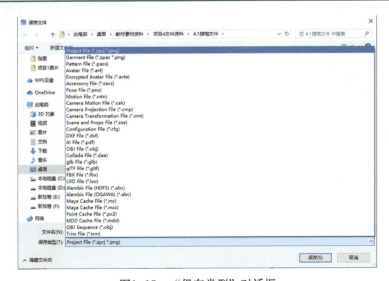

图1-13　"保存类型"对话框

7

选择不同的方式另存为操作文件，则保存类型格式也会不同。如"另保存"为"项目"文件，保存的文件名称后缀为"zprj"；如"另保存"为"服装"文件，保存的文件名称后缀为"zpac"；如"另保存"为"板片"文件，保存的文件名称后缀为"dxf"。具体如下面图标：

（2）导入/导出命令组

分为导入、导入（增加）、导出（表1–2、图1–14~图1–16）。

表1–2　导入/导出命令组

图标、名称、快捷键	命令功能
导入	可导入DXF的2D文件、OBJ格式的3D文件，或其他格式文件，如图1–14所示，但清除窗口原有项目、服装等
导入（增加）	可导入DXF的2D文件、OBJ格式的3D文件，或其他格式文件，如图1–15所示，且保留窗口原有项目、服装等
导出	可导出窗口的2D板片文件、3D静态文件或3D动态文件，如图1–16所示

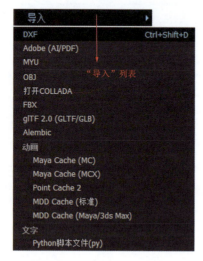

图1–14　"导入"列表

图1–15　"导入增加"列表

图1–16　"导出"列表

（3）渲染导出命令组

渲染导出命令组分为快照、视频抓取（表1–3、图1–17、图1–18）。

表1–3　渲染导出命令组

图标、名称、快捷键	命令功能
快照	可保存静态3D效果图，2D板片图，如图1–17所示
视频抓取	可保存渲染后的动态走秀视频，如图1–18所示

图1-17　"快照"工具

图1-18　"视频抓取"工具

1.3.1.2　编辑菜单栏

通过编辑菜单栏命令，可以进行撤销、恢复、删除、复制、粘贴、全选等操作，具体功能见表1–4。

表1–4　编辑菜单栏命令功能

图标、名称、快捷键	命令功能
撤销　Ctrl+Z	撤销最近一步操作
恢复　Ctrl+Y	恢复到撤销前操作
删除　Del	按键盘Delete键删除选中对象
复制　Ctrl+C	复制选中对象
粘贴　Ctrl+V	粘贴选中对象
全选　Ctrl+A	选中操作区所有服装板片及配饰
反向选择　Ctrl+Shift+I	选择选中对象之外的对象
Python脚本	编辑动画脚本
Context菜单	操作区的右键菜单，有3D、2D、缝纫、素材、虚拟模特等右键菜单

1.3.1.3　3D服装菜单栏

通过运用3D服装菜单栏工具，可以在3D服装窗口模拟服装3D效果、3D立裁取样等。

3D服装菜单栏工具如图1-19红色框所示，与3D服装工具栏如图1-20所示工具对应，在后面的项目制作中，将展开详细讲解。

1.3.1.4　2D板片、缝纫、素材菜单栏

通过2D板片、缝纫、素材菜单栏工具，可以在2D板片窗口进行服装制板、缝合服装板片、进行面料纹理贴图、设置明线、褶皱等。

2D板片、缝纫、素材菜单栏工具如图1-21~图1-23中红色框所示，在后面的项目制作中，将展开详细讲解。

图1-19　3D服装菜单栏工具　　图1-20　3D工具栏工具

图1-21　2D板片菜单栏工具　　图1-22　缝纫菜单栏工具　　图1-23　素材菜单栏工具

1.3.1.5　编辑器菜单栏

通过编辑器菜单栏工具可以将做好的模拟服装做同款多色设置，或做同款多个码数

设置、查看、调整面料、板片等，编辑器菜单栏工具如图1-24中红色框所示。

1.3.1.6 虚拟模特菜单栏

通过虚拟模特菜单栏工具可以调整虚拟模特尺寸、删除虚拟模特以及场景道具等。虚拟模特菜单栏工具如图1-25中红色框所示，具体工具运用在下一任务展开详细讲解。

图1-24 编辑器菜单栏工具

1.3.1.7 渲染菜单栏

通过渲染菜单栏工具可以将模拟的3D服装、配饰效果进行渲染，让效果图看起来更逼真。渲染菜单栏工具如图1-26中红色框所示。

1.3.1.8 显示菜单栏

通过显示菜单栏工具可以显示3D服装窗口视角、服装各种标注信息、附件、模特渲染类型等。

显示菜单栏工具如图1-27中红色框所示，其工具

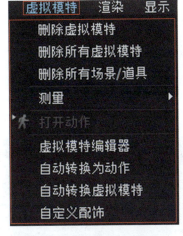

图1-25 虚拟模特菜单栏工具

图1-26 渲染菜单栏工具

图1-27 显示菜单栏工具

对应显示在3D服装窗口、2D板片窗口左上角工具条，如图1-28中红色框所示。

1.3.1.9 偏好设置菜单栏

通过偏好设置菜单栏工具可以根据需要设置坐标、镜头属性、模型属性等，如图1-29中红色框所示。

1.3.1.10 设置菜单栏

通过设置菜单栏工具可以进行用户自定义设置等，如图1-30中红色框所示。

图1-28　3D服装窗口、2D板片窗口工具条

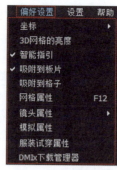

图1-29　偏好设置菜单栏工具

图1-30　设置菜单栏工具

（1）视图控制设置

单击左键,打开"视图控制"对话框,可根据自己习惯设置操作窗口的视图控制快捷键,也可以切换到如Maya、3ds Max等,使用所选软件的视图控制快捷键。如需回到初始状态,可左键单击右下角的"重置"按钮,如图1-31所示。

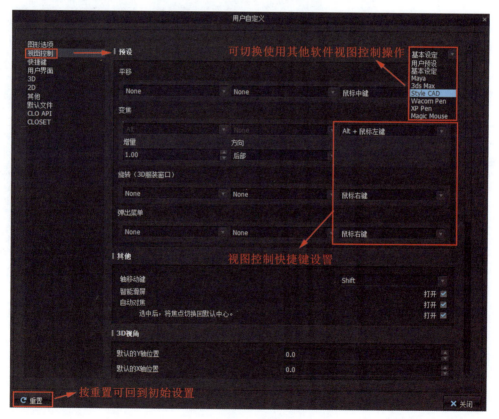

图1-31　"用户自定义"对话框

（2）用户界面设置

单击左键,打开"用户界面"对话框,可根据个人的习惯设置界面。如设置3D工具栏

项目 1　CLO3D 界面介绍

为"左",则该工具栏在窗口界面左边;如设置2D工具栏为"右",则该工具栏在窗口界面右边。在该窗口还可以设置各种显示线的色彩。如需回到初始状态,可左键单击左下角的"重置"按钮,如图1-32中红色框和箭头所示。

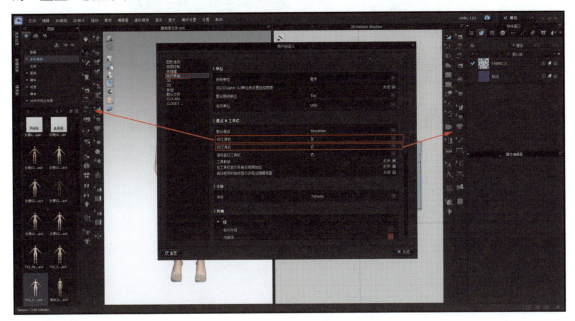

图1-32　3D、2D工具栏界面设置

1.3.1.11　帮助菜单栏

通过帮助菜单栏工具,可以进入软件官网进行资料查询和在线视频学习。

(1)手册

左键单击帮助菜单下的"手册",可以进入软件官网进行资料查询,如图1-33中红色框所示。

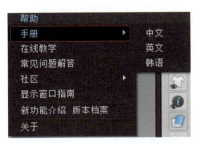

图1-33　通过手册登录网站

图1-34　通过在线教学登录网站

(2)在线教学

左键单击帮助菜单下的"在线教学",可以进入软件官网进行在线视频学习,如图1-34中红色框所示。

1.3.2　图库窗口

包含服装、虚拟模特、衣架、面料、辅料、材质、舞台等多种软件内置资源,如图1-35红色箭头所示。使用图库窗口可以方便管理和打开程序中的文件。

13

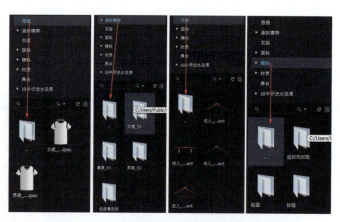

图1-35　打开图库窗口素材步骤

1.3.2.1　文件打开

左键快速双击其中一个文件夹，可打开隐藏文件，并在窗口下方显示。以辅料文件夹为例，如左键快速双击"辅料"，则在窗口下方显示里面隐藏的"纽扣和扣眼""拉链""贴图"子文件夹，再次左键快速双击"纽扣和扣眼"子文件夹，可打开"纽扣"子文件夹，继续左键快速双击"纽扣"子文件夹，可显示文件夹里的各种纽扣。如需返回，则可左键快速双击相应的文件夹，如图1-35箭头所示。

1.3.2.2　文件添加

可以将经常使用的文件夹添加到图库，以方便、快捷打开文件。

以添加"皮革面料"文件夹为例：第1步，左键单击图库窗口的"+"，打开要添加的皮革面料文件夹所在位置；第2步，左键单击"皮革面料"文件夹；第3步，左键单击"选择文件夹"，"皮革面料"文件夹成功添加到图库窗口，如图1-36红色箭头和数字所示。

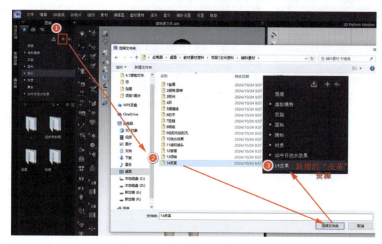

图1-36　文件资源添加方法

1.3.2.3 素材添加

可以将CLO3D软件更新的模特、面料、辅料等素材增加到图库窗口，丰富模特和服装的虚拟效果。

以添加模特发型素材为例：第1步，右键单击图库窗口的任意一款发型，再左键单击"路径复制"；第2步，任意打开一个文件夹，选择第1步复制的软件中的发型路径，按Ctrl+V粘贴到文件夹路径框，再左键单击路径框旁边的箭头符号，打开软件中发型路径文件夹，如图1-37红色箭头和数字所示；第3步，打开"Hair"发型素材文件夹（在D盘），框选要添加的素材，按Ctrl+V粘贴到第2步打开的软件中的发型路径文件夹（在C盘），"发型素材"成功添加到图库窗口，如图1-38红色箭头和数字所示。

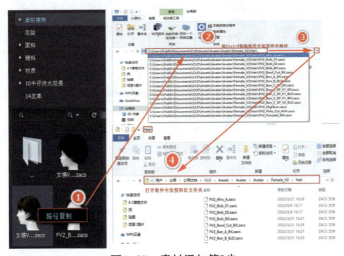

图1-37　素材添加第2步

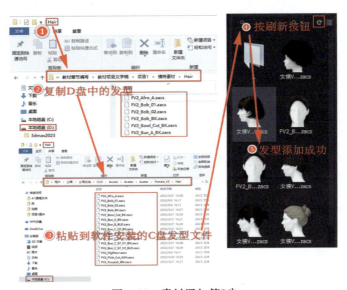

图1-38　素材添加第3步

1.3.2.4 素材下载

可登录软件官网注册账户后下载虚拟模特、发型、鞋子、纽扣等各种素材资源，如图1-39所示。

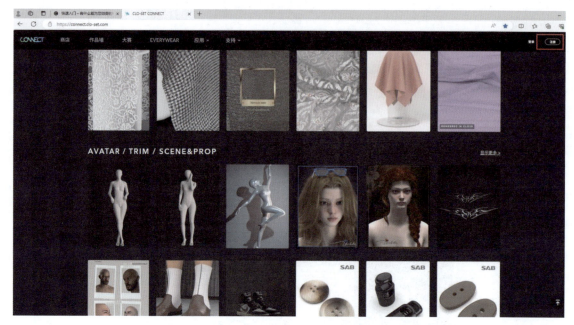

图1-39 软件官网显示页面

1.3.3 3D服装操作窗口

在3D服装操作窗口可以对服装进行模拟，360°查看着装后的虚拟3D效果，并可以移动虚拟模特，在动画模式下，创建动画的3D界面，如图1-40所示。

1.3.4 2D板片窗口

运用2D工具栏工具，可以创建及编辑2D服装板片，并对服装板片进行编辑、缝纫、贴图等操作，如图1-41所示。

图1-40 3D服装操作窗口

1.3.5 物体窗口

用于选择设置织物、纽扣、扣眼、明线、缝纫褶皱、放码及测量点等，如图1-42所示。

1.3.6 属性编辑器

根据所选择的对象不同，属性编辑器可进行调整的参数也不同，例如选中板片可以进行板片的属性设定，厚度、加硬、皱褶等；如选中线可以进行增加、长度调整、抽褶等操作，如图1-43所示。

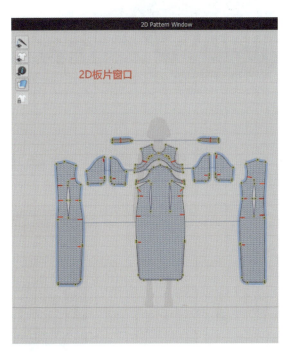

图1-41　2D板片窗口

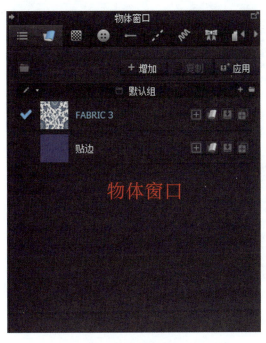

图1-42　物体窗口

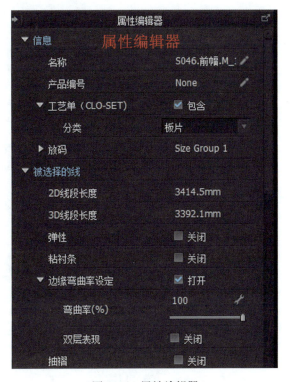

图1-43　属性编辑器

任务1.4 虚拟模特调整

1.4.1 "虚拟模特"文件夹简介

在图库窗口快速双击左键,打开"虚拟模特"文件夹,里面包含有"女模V2""男模V2""童模V1"三种类型,如图1-44所示。

左键快速双击"女模V2",打开该文件夹,里面包含有"安排""摄像机动作""头发""走秀动作""姿势""鞋子""尺码"7个子文件以及2个虚拟模特,如图1-45所示。如要添加其他类型的素材,如发型、虚拟模特等,则可以在官网下载好素材,按前面的"素材添加"方法将素材增加进来,丰富制作效果。

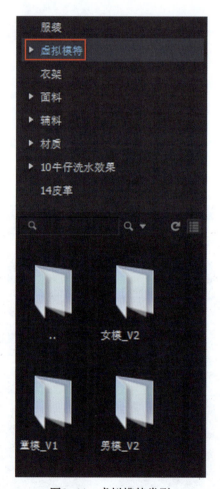

图1-44 虚拟模特类型

图1-45 虚拟模特素材

1.4.2 虚拟模特打开、删除

1.4.2.1 虚拟模特打开

将鼠标对准图库窗口的一个虚拟模特,左键快速双击,或先单击右键,再左键单击

"增加到工作区",可以将虚拟模特加载到3D服装窗口,如图1-46所示。

1.4.2.2 虚拟模特删除

在3D服装窗口,左键单击选中虚拟模特,按Delete键,可以删除虚拟模特;或者将鼠标对准3D服装窗口的虚拟模特,单击右键,打开右键菜单,左键单击选中"删除虚拟模特",如图1-47所示。

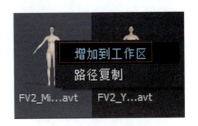

图1-46 虚拟模特打开

1.4.3 虚拟模特编辑器

左键单击"虚拟模特"菜单,再次左键单击"虚拟模特编辑器"打开面板,通过修改面板参数,可以调整虚拟模特高度、体型、腰围、臀围、臂围等,达到修改模特的效果。左键单击"细节"旁边的三角形,打开下拉列表,选择不同的人体类型,其修改的参数会有所区别,如图1-48所示。

图1-47 虚拟模特删除

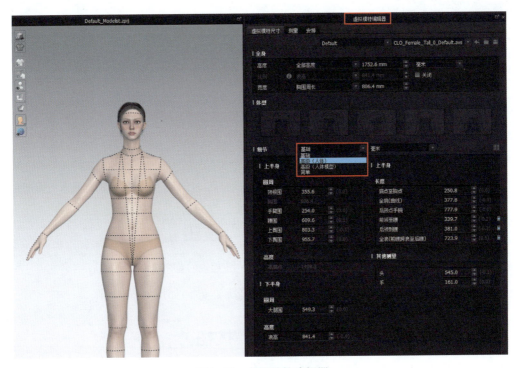

图1-48 虚拟模特编辑器

1.4.4　3D服装窗口虚拟模特开关按钮简介

1.4.4.1　"显示虚拟模特"按钮

左键单击该开关按钮，或按快捷键Shift+A可以显示或隐藏虚拟模特，如图1-49所示。

1.4.4.2　"显示安排点"按钮

左键单击该开关按钮，或按快捷键Shift+F可以打开虚拟模特点安排，为进行板片点安排做准备。如图1-50所示。

1.4.4.3　"显示安排板片"按钮

左键单击该开关按钮，可以打开虚拟模特板安排，可以显示服装板片安排效果，如图1-51所示。

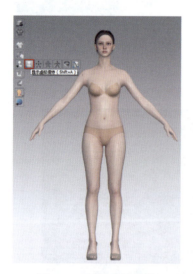 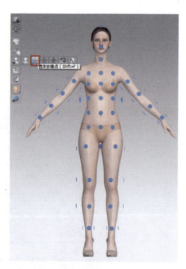 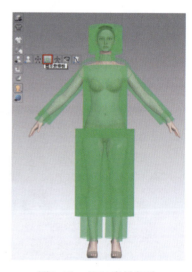

图1-49　显示虚拟模特　　　　图1-50　显示安排点　　　　图1-51　显示安排板片

1.4.4.4　"显示X-Ray结合处"按钮

左键单击该开关按钮，或按快捷键Shift+X可以显示虚拟模特X-Ray结合处，通过调整虚拟模特关节点的坐标参数，可以改变虚拟模特姿势，如图1-52所示。

1.4.4.5　"显示虚拟模特尺寸"按钮

左键单击该开关按钮，可以显示虚拟模特尺寸，如图1-53所示。

1.4.4.6 "显示3D笔(虚拟模特)"按钮

左键单击该开关按钮,可以显示虚拟模特身上3D画笔勾勒的形状轮廓,如图1-54所示。

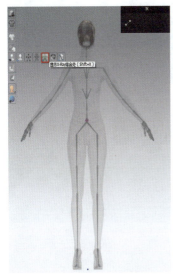

图1-52 显示X-Ray结合处

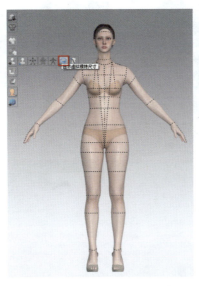

图1-53 显示虚拟模特尺寸

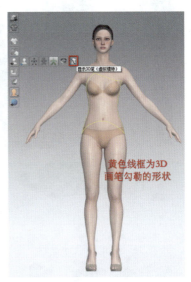

图1-54 显示3D笔虚拟模特

CLO3D
模拟界面
介绍

项目学习总结

1. 熟练使用快捷键能提高操作速度,需牢记常用工具和命令快捷键。
2. 充分利用软件"手册"和"在线教学"功能,进行知识和操作技能的查漏补缺、拓展学习。
3. 定期登录软件官网,关注行业3D虚拟服装最新资讯,做到与时俱进。

思考题

1. "打开"项目与"增加"项目有何区别?
2. 如何在图库窗口给虚拟模特添加下载的发型素材?

项目 2
CLO3D常用工具

建议课时：12课时

教学目标

知识目标
1. 掌握缝纫类工具操作方法
2. 掌握修改板片类工具操作方法
3. 掌握创建板片类工具操作方法
4. 掌握创建内部图形类工具操作方法

能力目标
1. 能够运用缝纫类工具进行服装板片缝合
2. 能够运用修改板片类工具进行板片形状调整
3. 能够运用创建板片类工具创建基本板片
4. 能够运用创建内部图形类工具创建板片内部图形

思政目标
1. 通过学习软件常用工具操作，培养学生独立思考的能力，耐心、细心的工作态度
2. 通过学习运用软件完成女T恤虚拟制作案例，提升学生自主学习、独立思考、自我解决问题的能力

任务2.1 缝纫类工具

2.1.1 缝纫类工具基础知识

2.1.1.1 缝纫类工具作用

在板片与板片、板片与内部图形、板片与内部线之间建立缝纫关系，起到缝合的作用。

2.1.1.2 缝纫类工具位置

缝纫类工具可以通过以下三种途径找到。

（1）在菜单栏

第1步，左键单击"缝纫"菜单；第2步，再次左键单击长按"线缝纫"工具，选择该工具，如图2-1中红色箭头和数字所示。

（2）在2D工具栏

第1步，左键单击长按"M:N线缝纫"图标；第2步，再次左键单击"线缝纫"工具，选择该工具，如图2-2中红色线框所示。

图2-1 在菜单栏找"线缝纫"工具

图2-2 在2D工具栏找"线缝纫"工具

（3）按快捷键N

按快捷键N也可以找到"线缝纫"工具。

2.1.2 缝纫类工具种类

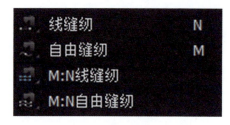

图2-3 四种缝纫类工具

缝纫类工具包括"线缝纫"（也叫"1:N线缝纫"）、"自由缝纫"（也叫"1:M自由缝纫"）、"M:N线缝纫""M:N自由缝纫"四种，如图2-3所示。

2.1.2.1 "线缝纫"工具

（1）"线缝纫"工具的作用

用于板片外线与板片外线、板片外线与内部图形、内部线之间1条边或线与1条边或线之间的缝纫。

左键单击"文件"菜单，再左键单击"导入"右侧的"DXF"，左键选中项目2文件夹里的"缝纫板片"，打开"导入DXF"对话框，左键单击"确认"，将板片导入窗口。

（2）"线缝纫"工具的操作方法

第1步，单击左键选中"线缝纫"工具图标 ；第2步，再次单击左键选中板片上面一条边，选中的边呈亮蓝色显示，如图2-4红色箭头和数字所示；第3步，松开左键，拖动鼠标到另一块板片的一条边上，直到线段变成亮蓝色，如图2-5红色箭头所示；第4步，再次单击左键完成缝合，缝纫线的颜色从亮蓝色转为缝纫线默认颜色，如图2-6红色箭头和数字所示。

图2-4 缝纫一条边

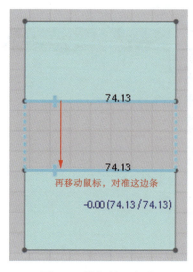

图2-5 缝纫另一条边

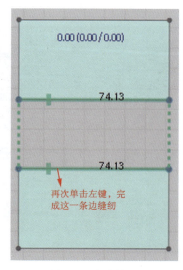

图2-6 完成缝纫

2.1.2.2 "M:N线缝纫"工具

（1）"M:N线缝纫"工具的作用

用于板片外线与板片外线、板片外线与内部图形、内部线之间，M条边或线与N条边或线之间的缝纫。

（2）"M:N线缝纫"工具的操作方法

第1步，在2D工具栏，左键单击长按"线缝纫"工具图标 ，打开隐藏工具；第2步，单击左键选中"M:N线缝纫"工具，如图2-7红色线框所示；第3步，从左往右，依次左键单击M所对应的3条边，按下Enter键完成M条边的缝纫（M缝纫线会以亮绿色显示出来），如图2-8中红色箭头所示；第4步，从左往右，依次左键单击N所对应的4条边，按

图2-7　选择"M:N线缝纫"工具

下Enter键完成M:N的缝纫，缝纫线的颜色从亮绿色转为缝纫线默认颜色，如图2-9中红色箭头所示。

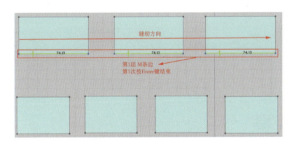

图2-8　缝纫第1组边

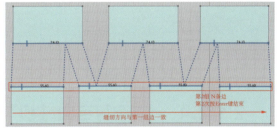

图2-9　缝纫第2组边

（注：第1次按下Enter键，是完成M条边缝纫，第2次按下Enter键，是完成N条边与M条边对应的缝合线，缝纫线不要交叉。）

2.1.2.3 "自由缝纫"工具

（1）"自由缝纫"工具的作用

用于板片外线与板片外线、板片外线与内部图形、内部线之间，1条边或线与1条边或线之间的缝纫，以及1条边或线与多条边或线之间的缝纫。

（2）"自由缝纫"工具的操作方法

① 1条边与1条边自由缝纫。第1步，在2D工具栏，单击左键选中"自由缝纫"工具图标 ；第2步，对准一条边的起点，单击左键松手，然后移动鼠标到边结束点，再次

单击左键完成第一条边的缝纫,如图2-10中红色箭头和数字所示;第3步,按照第1条边的操作方法,完成第二条边的缝纫,如图2-11中红色箭头和数字所示。

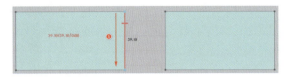
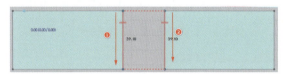

图2-10　第1条边缝纫　　　　　　　　图2-11　第2条边缝纫

（注：第二条边的缝纫方向要与第一条边方向一致,如红色箭头标示。）

② 1条边与多条边自由缝纫。第1步,在2D工具栏,单击左键选择"自由缝纫"工具图标　；第2步,鼠标对准一条边的起点,单击左键松手,然后移动鼠标到这条边的结束点,再次单击左键完成第一条边缝纫,如图2-12中红色箭头所示;第3步,按住Shift键,按第1步操作方法,依次完成另外4条边的缝纫,如图2-13中红色箭头和数字2所示。

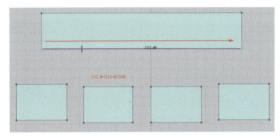
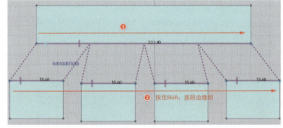

图2-12　第1条边缝纫　　　　　　　　图2-13　第2条边缝纫

2.1.2.4　"M:N自由缝纫"工具

（1）"M:N自由缝纫"工具的作用

用于板片外线与板片外线、板片外线与内部图形、内部线之间M条边或线与N条边或线之间的缝纫。

（2）"M:N自由缝纫"工具的操作方法

第1步,在2D工具栏,左键单击长按"自由缝纫"工具图标　,打开隐藏工具;第2步,单击左键选中"M:N自由缝纫"工具,如图2-14中红色线框所示;第3步,按照自由缝纫操作方法,按顺序依次缝纫4块板片的一条边（第1组边被称为M条边）,按下Enter键,完成M条边的缝纫,缝纫线以荧光绿色高亮显

图2-14　选择"M:N自由缝纫"工具

示，如图2-15中红色箭头所示；第4步，按第1组缝纫线方向，以同样的操作方式，完成第2组板片N条边的缝纫，按下Enter键结束缝纫，所有缝纫线不再是荧光绿，变成蓝色显示，如图2-16中红色箭头所示。不同组的缝纫线颜色由软件随机分配而不同，但每一组的缝纫线颜色相同。

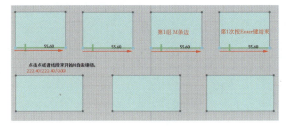

图2-15　缝纫第1组边

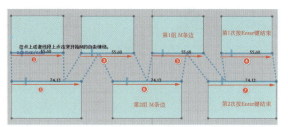

图2-16　缝纫第2组边

2.1.3　缝纫线删除

在2D工具栏，左键单击"编辑缝纫线"工具图标 ，或按B键，然后左键单击要删除的缝纫线，按Delete键可删除缝纫线。

缝纫类工具

任务2.2　修改板片类工具

2.2.1　"调整板片"工具

2.2.1.1　"调整板片"工具的作用

运用该工具可以对板片进行移动、缩放、旋转和复制、删除。

2.2.1.2　"调整板片"工具的操作方法

在2D工具栏，左键单击"调整板片"图标 ，或按A键，可以切换到"调整板片"工具。

（1）板片移动

第1步，切换到调整板片工具后，左键单击板片，板片被选中，选择的板片边线呈黄色显示，如图2-17所示；第2步，按住左键不松手，拖动鼠标，可将板片移动到合适的位置松手，板片位置发生位移，如图2-18所示。

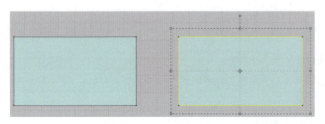 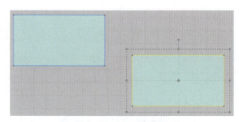

图2-17　选择板片　　　　　　　　　图2-18　移动板片

（2）板片旋转

第1步，切换到"调整板片"工具后，左键单击要旋转的板片，如图2-19所示；第2步，将鼠标放在板片虚线框如图2-20中红色框所示，按住左键不松手，拖动鼠标，可将板片旋转到合适的位置松手，板片发生角度旋转。

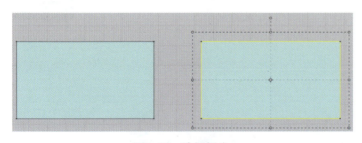 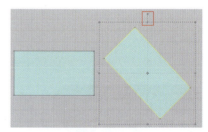

图2-19　选择板片　　　　　　　　　图2-20　旋转板片

（3）板片缩放

① 等比例缩放。切换到"调整板片"工具后，左键单击要缩放的板片，将鼠标放在图2-21任意一个红色箭头所示的圆点上，按住左键不松手，拖动鼠标可等比例放大或缩小板片。

② 单边缩放。切换到"调整板片"工具后，将鼠标放在图2-22虚线框上红色箭头所

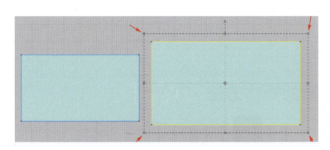 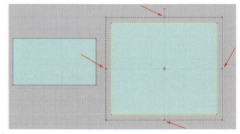

图2-21　等比例缩放板片　　　　　　图2-22　单边缩放板片

示任意一条边上，按住左键不松手拖动鼠标，可单边放大或缩小板片。

（4）板片复制

第1步，切换到"调整板片"工具后，左键单击要复制的板片，如图2-23所示；第2步，先按Ctrl+C，再按Ctrl+V，然后拖动鼠标到合适的位置，单击左键结束，复制出一块板片，如图2-24所示。

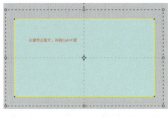

图2-23　选择板片

图2-24　复制板片

（5）精确移动、旋转、缩放板片

切换到"调整板片"工具后，按住左键移动板片一段距离后，按住左键不松开，同时点击鼠标右键，可以打开"移动距离"对话框，输入数字，可以精准改变板片的移动距离。如图2-25中红色箭头和红色框中数字一致。

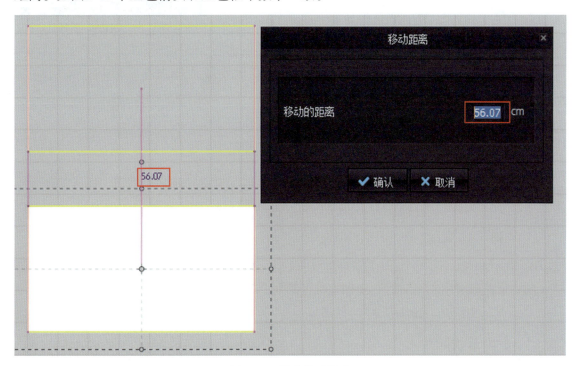

图2-25　精确移动板片

（注：在旋转、缩放板片时，按住左键旋转、缩放板片一定角度或大小后，按住左键不松开，同时点击鼠标右键，可以打开"旋转"和"变换"对话框，输入数字精准旋转、缩放板片。）

（6）板片删除

按A键，切换到"调整板片"工具，再按Delete键，可删除板片。

2.2.2 "编辑板片"工具

2.2.2.1 "编辑板片"工具的作用

运用该工具可以增加或删除点、线、边，从而改变板片的大小或形状。

2.2.2.2 "编辑板片"工具的操作方法

在2D工具栏，左键单击长按"编辑板片"图标，打开图2-26所示隐藏工具，单击左键可切换到"编辑板片"工具。

图2-26 "编辑板片"工具

（1）边的长度显示

左键单击板片一条边，边上面出现的数字是该条边的长度，如图2-27中红色框所示。

（2）改变板片大小形状

按住左键并拖动黄线往任意方向移动，可以改变板片的大小、形状，如图2-28所示。

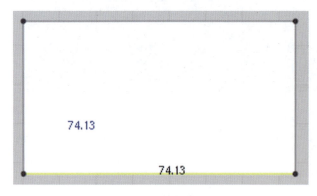

图2-27 边的长度显示

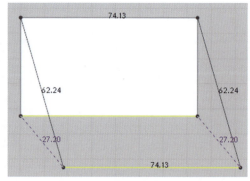

图2-28 改变板片大小、形状

（3）内部线间距

切换到"编辑板片"工具后，第1步，单击左键选中板片一条边后，再用右键点击黄线，弹出右键快捷菜单，如图2-29所示；第2步，左键单击"内部线间距"命令，打开"内部线间距"对话框，如图2-30所示，通过对话框，可以在板片上生成内部线。

项目2 CLO3D 常用工具

图2-29 边的右键菜单

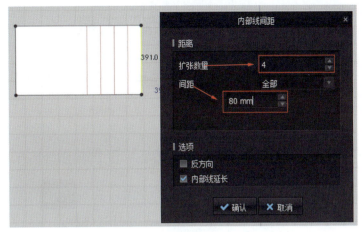

图2-30 "内部线间距"对话框

（注：内部线呈暗红色显示，"扩充数量"值为内部线条的数量，"间距"为每条内部线之间的距离。如扩充数量为4，间距为80mm，则生成4条内部线，每条内部线的距离为80mm，如图2-30所示，板片上红色框里4条暗红色线为内部线。）

2.2.3 "编辑点/线"工具

2.2.3.1 "编辑点/线"工具的作用

运用该工具可以改变板片的大小或形状，如图2-31所示。

图2-31 "编辑点/线"工具

2.2.3.2 "编辑点/线"工具的操作方法

可以单击左键选中一个点，如图2-32中红色框所示，也可以单击左键选中一条边，如图2-33中红色箭头所示，拖动鼠标移动点或边，改变板片形状和大小，使用方法同"编辑板片"工具。

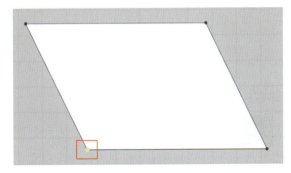

图2-32 选中点

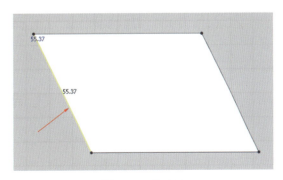

图2-33 选中边

31

2.2.4 "编辑曲线点"工具

2.2.4.1 "编辑曲线点"工具的作用

运用该工具可以对板片上的弧线进行控制与调整。

2.2.4.2 "编辑曲线点"工具的操作方法

第1步,左键单击长按"编辑板片"工具,切换到"编辑曲线点"工具,如图2-34中红色框所示;第2步,在板片的一条边上单击左键增加一个点,如图2-35中红色框所示;第3步,按住左键拖动点,该条边会以弧线形状做改变,如图2-36中红色箭头所示。

图2-34 "编辑曲线点"工具

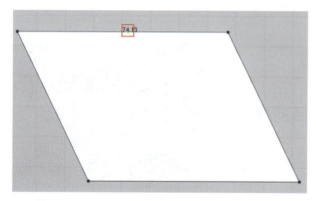

图2-35 增加点

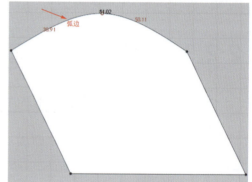

图2-36 直边变弧线

(注:也可对准一条边,按住左键不松手,拖动鼠标,该条边也会做弧线改变。)

2.2.5 "编辑圆弧"工具

2.2.5.1 "编辑圆弧"工具的作用

运用该工具可以对选中的直线或曲线线段进行弧线调整。

2.2.5.2 "编辑圆弧"工具的操作方法

第1步,左键单击长按"编辑板片"工具,切换到"编辑圆弧"工具,如图2-37红色框所示;第2步,按住左键选中一条边并拖动鼠标,可以把板片中的直线边变成弧线边,如图2-38中红色箭头所示。

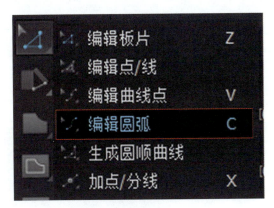
图2-37 编辑圆弧工具

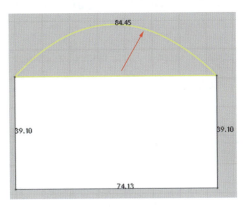
图2-38 直线边变成弧线边

2.2.6 "生成圆顺曲线"工具

2.2.6.1 "生成圆顺曲线"工具的作用

运用该工具可以把有角度的直边变成弧线边。

2.2.6.2 "生成圆顺曲线"工具的操作方法

第1步,左键单击长按"编辑板片"工具 ,切换到"生成圆顺曲线"工具,如图2-39红色框所示;第2步,鼠标对准一个角点,如图2-40中红色箭头所示,按住左键拖动角点,可以把角点两边的直线边变成弧线边,如图2-41中红色箭头所示弧线。

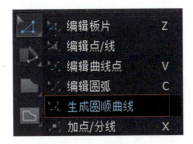
图2-39 "生成圆顺曲线"工具

图2-40 对准角点

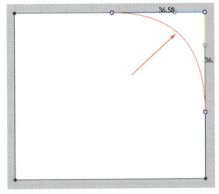
图2-41 生成圆顺弧线

（注：在拖动角点时，按住左键，同时单击右键，可以打开"按照长度生成圆角"对话框，通过调整"线段1"和"线段2"数值，改变直线边的圆顺长度，调整"弯曲率"，改变弯曲弧度，如图2-42所示。）

2.2.7 "加点/分线"工具

2.2.7.1 "加点/分线"工具的作用

运用该工具可以在板片边上增加点，将边分成多条线段。

2.2.7.2 "加点/分线"工具的操作方法

第1步，左键单击长按"编辑板片"工具，切换到"加点/分线"工具，如图2-43中红色框所示；第2步，将鼠标对准板片上的一条边，单击左键，可在边上增加一个编辑点，将一条边分成2段边，如图2-44中红色框内的黄色点为新增点，切换到"编辑板片"工具，可以移动新增的边改变板片形状，如图2-45所示。

（注：在板片边上单击鼠标右键，可以弹出"分割线"对话框。）

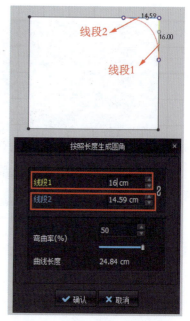

图2-42 "按照长度生成圆角"对话框

图2-43 "加点/分线"工具

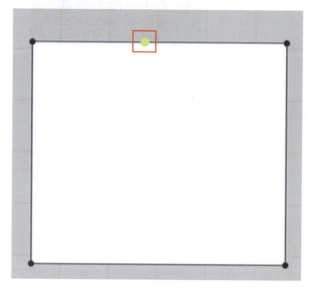

图2-44 增加编辑点

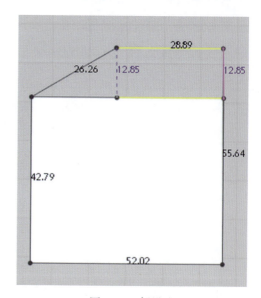

图2-45 新增边

项目2　CLO3D常用工具

（1）分线段设置

调整"分成两条线段"的"线段1"和"线段2"数值，分割边的长度与调整数值一致，如图2-46中红色框和箭头所示。

（2）长度分段设置

调整"线段长度"和"线段数量"，如线段长度数值为450mm，线段数量为3，则将边分为3段，第1和第2段边每段边长度为450mm，第3段边长度则为分割前边长度减去第1和第2段边长度，如图2-47中红色框和箭头所示。

（3）平均分段

调整"平均分段"的"线段数量"，如数值为3，则将边平均分成3段边，如图2-48中红色框和箭头所示。

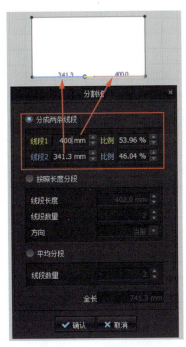
图2-46　分线段设置

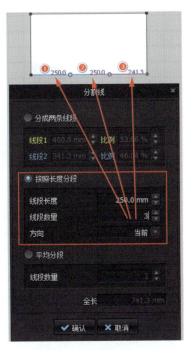
图2-47　长度分段设置

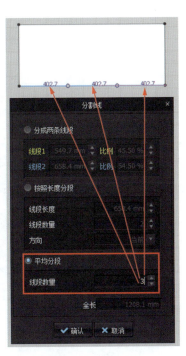
图2-48　平均分段

2.2.8　删除板片的点、线、边

按Z键，切换到"编辑板片"工具，再按Delete键，可删除板片的点、线、边。

任务2.3　创建板片类工具

2.3.1　"多边形"工具

2.3.1.1　"多边形"工具的作用

运用该工具可以创建任意形状的板片。

2.3.1.2　多边形创建方法

在"2D"工具栏，左键单击"多边形"图标 ，可切换到"多边形"工具（注：键盘快捷键为"H"）。

第1步，单击左键，松手拖动鼠标到合适位置，再次单击左键，创建一段线；第2步，重复前面的步骤继续创建其他线段，如图2-49所示。第3步，鼠标回到线段最初的起点，如图2-50红色框所示，单击左键结束，创建生成板片，如图2-51所示。

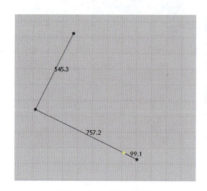
图2-49　创建线段

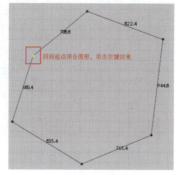
图2-50　闭合图形

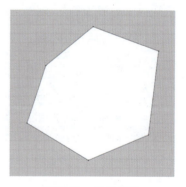
图2-51　生成板片

（注：鼠标一定要回到起点，形成闭合图形，才能单击左键结束，创建板片。）

2.3.2　"矩形"工具

2.3.2.1　"矩形"工具的作用

运用该工具可以创建矩形板片。

2.3.2.2 矩形创建方法

在2D工具栏，左键单击长按"多边形"图标 ，打开隐藏工具，左键单击"矩形"工具，如图2-52中红色框所示（注：后面其他板片形状选择方法相同）。

图2-52 "矩形"工具

（1）拖拽鼠标创建矩形

第1步，切换到"矩形"工具；第2步，按住左键不松手，拖动鼠标到合适位置，松手可创建长方形板片；如按住Shift键+单击左键，拖动鼠标，松手则可创建正方形板片，如图2-53所示。

（2）对话框创建矩形

第1步，切换到"矩形"工具；第2步，在2D窗口空白处单击鼠标左键，松手弹出"制作矩形"对话框，改变框内尺寸参数，可以精确创建矩形板片大小；改变框内"反复"参数，可以创建多个矩形，如图2-54所示。

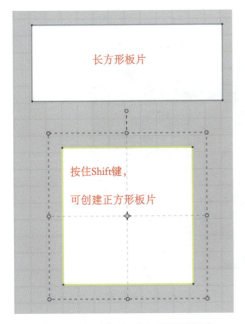

图2-53 创建长方形和正方形板片

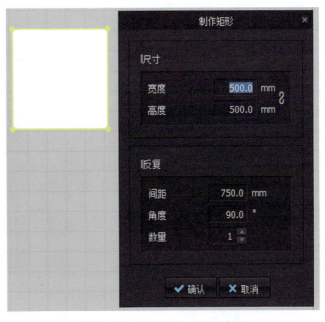

图2-54 "制作矩形"对话框

2.3.3 "圆形"工具

2.3.3.1 "圆形"工具的作用

运用该工具可以创建圆形板片，如图2-55中红色框所示。

2.3.3.2 圆形创建方法

（1）拖拽鼠标创建圆形

第1步，切换到"圆形"工具；第2步，按住左键不松手，拖动鼠标到合适位置，松手可创建椭圆形板片；如按住Shift键+单击左键，拖动鼠标，松手则可创建正圆形板片，如图2-56所示。

图2-55 "圆形"工具

（2）对话框创建圆形

第1步，切换到"圆形"工具；第2步，在2D窗口空白处单击鼠标左键，松手弹出"创建圆"对话框，修改框内参数，可以精确创建圆形板片，如图2-57所示。

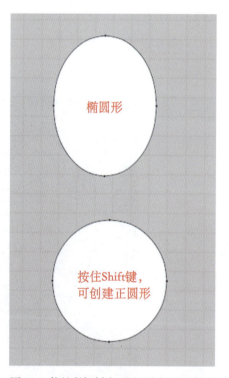

图2-56 拖拽鼠标创建正圆形和椭圆形板片

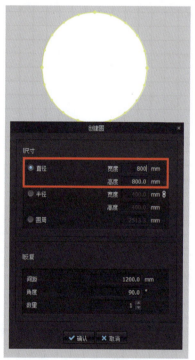

图2-57 "创建圆"对话框

2.3.4 "螺旋形"工具

2.3.4.1 "螺旋形"工具的作用

运用该工具可以创建螺旋形板片。

2.3.4.2 螺旋形创建方法

第1步，切换到"螺旋形"工具如图2-58所示；第2步，在2D窗口空白处单击左键，出现"创建螺旋形板片"对话框，在对话框设置相应参数，创建螺旋形板片，如图2-59所示。

图2-58 "螺旋形"工具

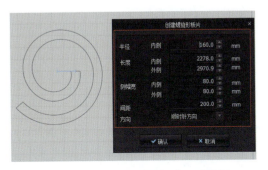

图2-59 "创建螺旋形板片"对话框

任务2.4 创建内部图形类工具

内部图形是在板片上创建的图形。

2.4.1 "内部多边形/线"工具

2.4.1.1 "内部多边形/线"工具的作用

运用该工具可以在板片上创建任意形状的内部图形。

2.4.1.2 内部多边形/线创建方法

在2D工具栏，左键长按"内部多边形/线"工具，可切换到"内部多边形/线"工具，如图2-60中红色框所示（注：键盘快捷键为G）。

图2-60 "内部多边形/线"工具

第1步，按键盘G键，切换到"内部多边形"工具；第2步，在板片上单击左键，松手拖动鼠标到合适位置，再次单击左键，创建一段内部线段；第3步，重复前面的步骤继续创建其他内部线段，双击左键结束，创建内部图形，如图2-61所示。

图2-61　创建内部直线　　　　　　　图2-62　创建内部曲线

（注：如需创建曲线，则需同时按住Ctrl键，拖动鼠标创建内部线如图2-62所示；画线过程中，如需撤销一段线，可按BackSpace键，多次按该键，可依次撤销多段线。）

2.4.2　"内部矩形"工具

2.4.2.1　"内部矩形"工具的作用

运用该工具可以在板片上创建任意大小的内部矩形。

2.4.2.2　内部矩形创建方法

在2D工具栏，左键单击"内部多边形/线"工具，鼠标对准图标中红色箭头所指三角形，再次长按左键，打开"隐藏"工具，左键单击"内部矩形"工具，如图2-63中红色框所示。

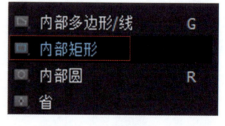

图2-63　"内部矩形"工具

（注：后面其他内部形状选择方法相同。）

（1）拖拽鼠标创建内部矩形

第1步，切换到"内部矩形"工具；第2步，按住左键不松手，在板片上拖动鼠标到合适位置，松手可创建内部长方形；如按住Shift键+单击左键，拖动鼠标，松手则可创建内部正方形，如图2-64所示。

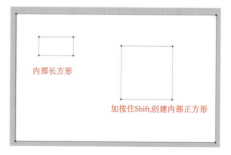

图2-64　拖拽鼠标创建内部矩形

（2）对话框创建内部矩形

第1步，切换到"内部矩形"工具；第2步，在2D窗口的板片上，单击鼠标左键，松手弹出"制作矩形"对话框，改变"尺寸"参数，可以精确调整内部矩形大小；改变"反复"参数，可以创建多个内部矩形；改变"定位"参数，可以精确调整内部矩形在板片上的位置。如图2-65所示，白色长方形板片上，创建了3个大小一样的长方形，长方形之间的间距是500mm，每个长方形宽是200mm，高是300mm。

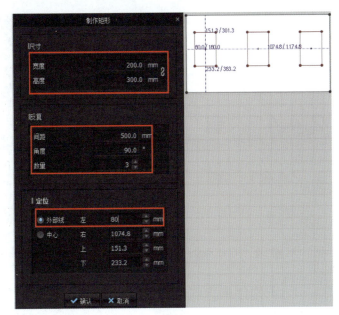

图2-65 "制作矩形"对话框

2.4.3 "内部圆形"工具

2.4.3.1 "内部圆形"工具的作用

运用该工具可以在板片上创建任意大小内部圆形。

2.4.3.2 内部圆形创建方法

（1）拖拽鼠标创建内部圆

第1步，左键单击长按"内部多边形/线"工具，切换到"内部圆形"工具，如图2-66所示；第2步，按住左键不松手，在板片上拖动鼠标到合适位置，松手可创建内部椭圆形；如按住Shift键+单击左键，拖动鼠标，松手则可创建内部正圆形，如图2-67所示。

（2）对话框创建内部圆

第1步，按R键，切换到内部圆形工具；第2步，在2D窗口的板片上，单击鼠标左键，松手弹

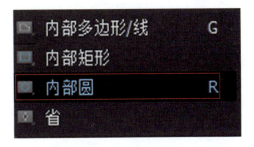

图2-66 "内部圆形"工具

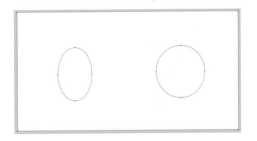

图2-67 拖拽鼠标创建内部圆

出"创建圆"对话框,其框内参数调整可参考"制作矩形"对话框参数调整,如图2-68所示。

2.4.4 "省"工具

2.4.4.1 "省"工具的作用

运用该工具可以在板片上创建省。

2.4.4.2 省创建方法

(1)拖拽鼠标创建省

第1步,左键单击长按"内部多边形/线"工具 ,切换到"省"工具,如图2-69所示;第2步,在板片上单击左键拖动鼠标,松手生成省,如图2-70中红色框所示。

(2)对话框创建省

第1步,左键单击长按"内部多边形/线"工具 ,切换到"省"工具;第2步,在2D窗口板片上单击左键,松手弹出"创造省"对话框,修改框内参数,可以精确创建不同大小和不同位置的省,如图2-71中红色框所示。

创建板片和内部图形

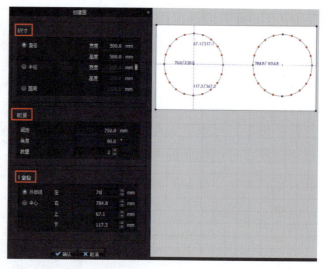

图2-68 "创建圆"对话框

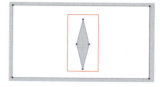

图2-69 "省"工具　　图2-70 拖拽鼠标创建省

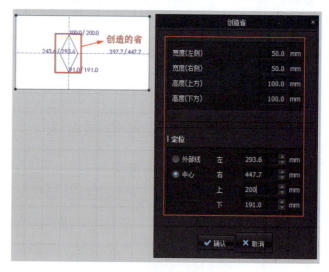

图2-71 "创造省"对话框

任务2.5 常用工具运用——女T恤制作

2.5.1 3D服装窗口、2D板片窗口操作方法

2.5.1.1 放大、缩小3D服装窗口、2D板片窗口

向后滚动滚轮中键，可放大3D服装窗口、2D板片窗口；向前滚动滚轮中键，可缩小3D服装窗口、2D板片窗口。

2.5.1.2 旋转3D服装窗口模特

按住鼠标右键，同时移动鼠标，可任意角度旋转模特。

2.5.1.3 移动3D服装窗口、2D板片窗口

按住滚轮中键，同时移动鼠标，可任意角度移动3D服装窗口、2D板片窗口。

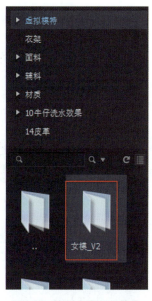

图2-72 打开女模V2文件夹

2.5.2 模特导入与参数编辑

2.5.2.1 模特导入

第1步，在图库窗口双击左键，打开"虚拟模特"；第2步，双击左键打开"女模V2"文件夹，如图2-72中红色框所示；第3步，单击左键选中一个模特，再次双击左键，可将女模导入操作窗口，如图2-73中红色框所示。

2.5.2.2 模特参数编辑

第1步，左键单击"虚拟模特"菜单，将鼠

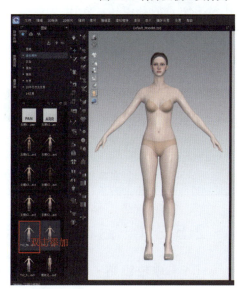

图2-73 女模导入窗口

标移到"虚拟模特编辑器";第2步,在"虚拟模特编辑器"左键单击"细节-高级(人体模特)",调整并确认虚拟模特各项参数;第3步,再左键单击"虚拟模特编辑器"右上角的"保存"按钮,保存确认编辑完成的模特参数,左键单击"关闭",如图2-74所示,数字①②③④⑤表示操作顺序。

(注:"虚拟模特编辑器"中"细节"旁边的模特类型选项决定模特可调节部位的数量,"体型"下面的五种模特预设,需要在"细节"旁边的模特类型选项中选择"简单"类型方可点击使用。默认模特尺寸为"Default",需更换其他预设尺寸如图2-75中红色框所示。其中该案例使用模特预设尺寸"Default"。)

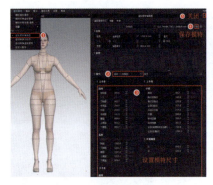

图2-74 模特参数编辑

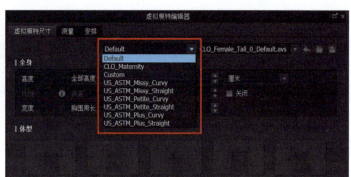

图2-75 默认模特尺寸

2.5.3 板片绘制

在无板片的前提下,我们可根据模特尺寸通过2D窗口绘制服装板片,从而完成后续建模工作。如有板片,使用"导入"选项导入.dxf格式文件板片即可。表2-1是175/80Y人体衣身制图规格,可按表中规格调整模特尺寸。

表2-1 衣身制图规格

号型	部位名称	衣长(L)	胸围(B)	腰围(W)	袖长(SL)
175/80Y	净体尺寸	62cm	80.64cm	60.96cm	20cm
	成品尺寸	62cm	100cm	94cm	20cm

2.5.3.1 后衣片板片绘制

(1)单位设置

在"设置"菜单下,左键单击"自定义",打开"用户自定义"对话框,再左键单

项目2　CLO3D常用工具

击"用户界面"，在"所有单位"右侧单击左键选择"厘米"，完成单位设置。

（2）创建矩形

先按S键，或在2D工具栏左键单击长按"多边形"工具，再左键单击"矩形"工具，最后左键单击2D窗口打开"制作矩形窗口"，分别输入宽度24.5和高度62，左键单击"确认"或按Enter键完成命令，如图2-76所示。

（3）制作胸围、腰围线

先按X键，或在2D工具栏左键单击长按"编辑板片"工具，再左键单击"加点/分线"工具，在矩形板片右侧外线单击右键，打开"分割线"对话框，在"线段1"输入22.5，添加距离矩形上端外线22.5cm的点；再在前面分割出来长为39.5cm的线段上单击右键，打开"分割线"对话框，在"线段1"输入15.5，添加距离矩形上端外线38cm的点。按G键，或在2D工具栏左键单击"内部多边形/线"工具，分别点击新添加的两个点创建水平直线对齐板片外线，如图2-77所示。

（4）制作后领窝

先使用"加点/分线"工具，在矩形板片左侧外线添加距离上端外线3cm的点。再使用"内部多边形/线"工具，左键点击新添加的点向右移动鼠标，单击右键，在"部多边形/线"对话框"长度"旁输入9.86，创建长度为9.86cm的水平线段。然后在水平线段右侧端点开始，绘制垂直线段对齐在矩形上端外线，如图2-78所示。

图2-76　创建矩形

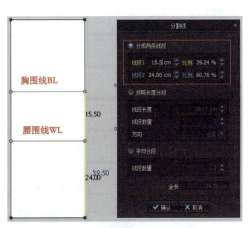
图2-77　制作胸围、腰围线

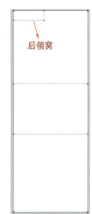
图2-78　制作后领窝

使用"内部多边形/线"工具，连接后领窝辅助线左下和右上两个端点，绘制后领窝直线，如图2-79所示。按V键，或在2D工具栏左键单击长按"编辑板片"工具，先左键单击"编辑曲线点"工具，再左键单击后领窝直线，增加曲线控

45

制，并按住左键拖动曲线控制点将直线编辑为曲线，如图2-80所示。

（注：单个曲线控制点对线的弯曲作用有限，根据需要的曲线形状可自行增减曲线控制点的数量；如果存在过多曲线控制点时，鼠标左键单击曲线控制点，按Delete键删除。）

（5）绘制后肩斜线

使用"加点/分线"工具，在矩形板片上端外线添加距离左边外线21cm的点。使用"内部多边形/线"工具，点击新添加的点创建长度4cm垂直直线获得端点A，连接SNP点和端点A，绘制后肩斜线，如图2-81所示。

（6）绘制后袖窿弧线

使用"内部多边形/线"工具，左键点击端点A向左侧创建长度1.5cm水平线段，并在水平线段左侧端点开始，绘制垂直线段对齐在胸围线BL上。使用"加点/分线"工具，在垂直线段上单击右键，打开"分割线窗口"创建平分点，如图2-82所示。

使用"内部多边形/线"工具，连接端点A和平分点，连接平分点和胸围线BL右侧端点，绘制后袖窿线，如图2-83所示。使用"编辑曲线点"工具，左键单击后袖窿线，增加曲线控制点，并按住左键拖动曲线控制点将直线编辑为曲线，完成绘制后袖窿弧线，如图2-84所示。

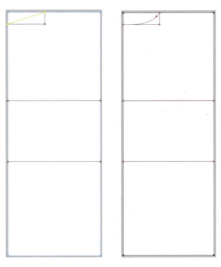

图2-79 后领窝1　　图2-80 后领窝2

图2-81 后肩斜线　　图2-82 创建平分点　　图2-83 后袖窿1　　图2-84 后袖窿2

项目2　CLO3D常用工具

（7）绘制侧缝弧线

使用"加点/分线"工具，在腰围线WL距离右侧端点1.5cm的位置创建端点B。使用"内部多边形/线"工具，连接胸围线BL右侧端点和端点B，连接端点B和板片下端外线右侧端点，绘制侧缝线，如图2-85所示。使用"编辑曲线点"工具，左键单击侧缝线，增加曲线控制点，并按住左键拖动曲线控制点将直线编辑为曲线，完成绘制侧缝弧线，如图2-86所示。

（8）获得完整后衣片板片

按Z键，或在2D工具栏左键单击"编辑板片"工具，按住Shift键，分别左键单击后领窝弧线、后肩斜线、后袖窿弧线、后侧缝线，再单击右键，点击切断，如图2-87黄色线所示。按A键，然后删除多余的板片，获得完整后衣片板片。

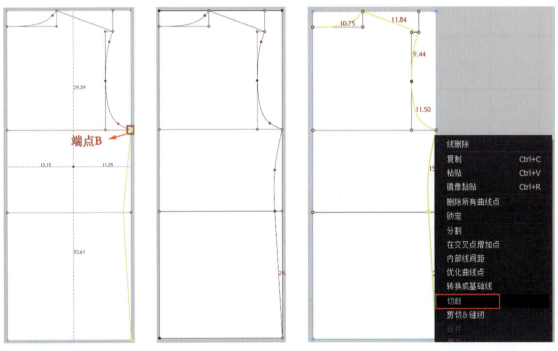

图2-85　后侧缝1　　　　图2-86　后侧缝2　　　　图2-87　切断

2.5.3.2　前衣片板片绘制

（1）创建矩形

使用"矩形"工具，创建宽度25.5cm、高度61cm的矩形。

（2）制作胸围、腰围线

按Z键切换到"编辑板片"工具，使用"加点/分线"工具，在矩形板片左侧外线单击右键，打开"分割线"对话框，在"线段1"输入21.5cm，添加距离矩形上端外线21.5cm的点；再次在前面分割出来长为39.5cm的线段上单击右键，打开"分割线"对话框，在"线段1"输入15.5，添加距离矩形上端外线37cm的点。使用"内部多边形/线"工具，分别点击新添加的两个点，往右创建水平线段对齐右侧板片外线。

（3）制作前领窝

使用"加点/分线"工具，在矩形板片右侧外线添加距离上端外线8.6cm的点，然后使用"内部多边形/线"工具，左键点击新添加的点向左移动鼠标，单击右键，在"内部多边形/线"对话框"长度"旁输入9.6，创建长度为9.6cm的水平线段。然后在水平线段左侧端点开始，绘制垂直线对齐矩形上端外线。

使用"内部多边形/线"工具，连接前领窝辅助线左上和右下两个端点，绘制前领窝线段。使用"编辑曲线点"工具，左键单击前领窝线段，增加曲线控制点，并按住左键拖动曲线控制点将直线编辑为曲线，完成绘制前领窝弧线，如图2-88所示。

（4）制作肩斜

使用"内部多边形/线"工具，点击前SNP点（肩点）向左创建长度为15cm的水平线段，并在水平线段左侧端点开始，向下创建5cm垂直线段，垂线下端点取端点C。连接SNP点和端点C，绘制前肩斜线辅助线。

（5）制作前袖窿

先切换到"编辑板片"工具，左键单击后肩斜线，测量后肩斜线长度是11.89cm，然后使用"加点/分线"工具，在前肩斜线辅助线添加距离SNP（肩）点长度为11.89cm的点，命名为端点D。如图2-89所示。

再使用"内部多边形/线"工具，点击端点D向右侧方向创建长度为2cm的水平线段，并在水平线段右侧端点开始，绘制垂直线对齐在胸围线BL上。使用"加点/分线"工具，在垂直线段上单击右键，打开"分割线窗口"在"线段1"和"线段2"都输入8.87，创建平分点。

再使用"内部多边形/线"工具，先将端点D和平分点连接，再将平分点和胸围线BL左侧端点连接，绘制前袖窿线。最后使用"编辑曲

图2-88 前领窝　　图2-89 前肩斜

线点"工具 ，左键单击前袖窿线，增加曲线控制点，并按住左键拖动曲线控制点将直线编辑为曲线，完成绘制前袖窿弧线，如图2-90所示。

（6）制作侧缝弧线

使用"加点/分线"工具 ，在腰围线WL距离右侧端点1.5cm的位置创建端点E。使用"内部多边形/线"工具 ，先连接胸围线BL左侧端点和端点E，再连接端点E和板片下端外线左侧端点，绘制侧缝线。使用"编辑曲线点"工具 ，左键单击侧缝线，增加曲线控制点，并按住左键拖动曲线控制点将直线编辑为曲线，完成绘制侧缝弧线，如图2-91所示。

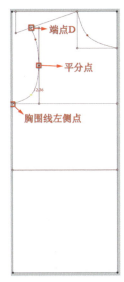
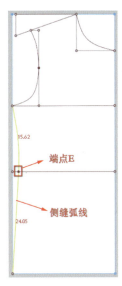
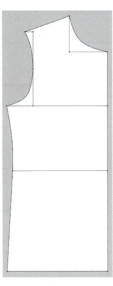

图2-90 前袖窿　　图2-91 前侧缝　　图2-92 前衣片

（7）获得完整前衣片板片

使用"编辑板片"工具 ，按住Shift键，分别左键单击前领窝弧线、前肩斜线、前袖窿弧线、前侧缝线，再单击右键，点击切断，按A键，然后删除多余的板片，获得完整前衣片板片，如图2-92所示。

2.5.3.3 袖子和衣领板片绘制

女T恤板片制作

（1）创建矩形

使用"矩形"工具 ，创建宽度40cm、高度20cm的矩形。

（2）制作袖肥线

使用"加点/分线"工具 ，分别在矩形板片左、右两侧外线单击右键，添加距离上端外线11cm的点。使用"内部多边形/线"工具 ，连接新添加的两个点创建，完成绘制袖肥线。

（3）制作前、后AH线

使用"加点/分线"工具 ，在矩形板片上端外线添加平分点。使用"内部多边形/线"工具 ，点击平分点创建垂直线段对齐在矩形下端外线，分别连接平分点和袖肥线的两个端点，完成绘制前AH线和后AH线，如图2-93所示。

（4）制作前、后袖山弧线

使用"加点/分线"工具，分别创建前AH线和后AH线的平分点。使用"编辑曲线点"工具，分别左键单击前AH线和后AH线，增加曲线控制点，并按住左键拖动曲线控制点将直线编辑为曲线，完成绘制前袖山弧线和后袖山弧线，如图2-94所示。

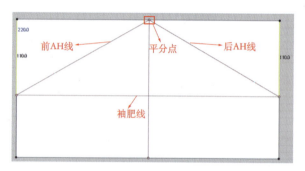

图2-93　制作前AH线和后AH线

（5）制作袖口线

使用"加点/分线"工具，在矩形板片下端外线左侧单击右键，打开"分割线"对话框，在"线段1"旁输入2，添加距离左端点2cm的点；用同样的方法，在矩形板片下端外线右侧添加距离右端点2cm的点。使用"内部多边形/线"工具，分别将袖肥线左端点与矩形板片下端外线新增加左侧的点，袖肥线右端点与矩形板片下端外线新增加右侧的点连接，完成袖子左右侧缝线。

使用"编辑曲线点"工具，左键单击矩形板片下端外线，增加曲线控制点，并按住左键拖动曲线控制点将直线编辑为曲线，完成绘制袖口弧线，如图2-95所示。

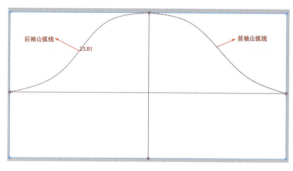

图2-94　制作前、后袖山弧线

（6）获得完整袖子板片

使用"编辑板片"工具，按住Shift键，分别左键单击前袖山弧线、后袖山弧线、左侧缝线、右侧缝线，再单击右键，点击切断，获得完整袖子板片，如图2-96所示。

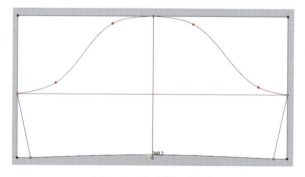

图2-95　绘制袖口弧线

（7）制作衣领板片

使用"矩形"工具，创建宽度42cm、高度1.5cm的矩形，获得完整领子板片，如图2-96所示。

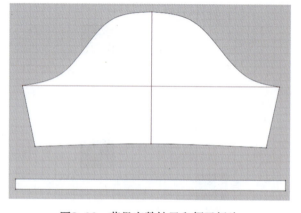

图2-96　获得完整袖子和领子板片

2.5.3.4 补齐前、后衣片和袖片板片

(1) 补齐前、后衣片板片

第1步,按Z键切换到"编辑板片"工具;第2步,左键单击前衣片右侧的垂直中线,然后单击右键打开右键菜单;第3步,左键单击"对称展开编辑(缝纫线)",复制出另外一半,补齐前衣板片。后衣片板片可用相同的操作方法复制出另外一半,补齐后衣板片。

(2) 补齐袖片板片

第1步,按A键切换到"调整板片"工具;第2步,左键单击袖片,然后单击右键打开右键菜单;第3步,左键单击"对称板片(板片和缝纫线)"(快捷键Ctrl+D),然后拖动鼠标,复制出另外一边袖片板片,如图2-97所示。

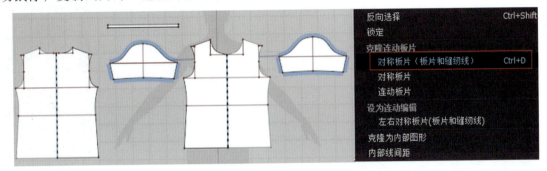

图2-97 对称板片(板片和缝纫线)

[注:为提高版片缝纫速度,在CLO3D软件中缝制虚拟服装前,对于相同的板片只需保留一边或一半即可。如本案例中的前、后衣片左右对称,只需先在制作半片的板片,另外一半则运用"对称展开编辑(缝纫线)"命令复制补齐;左右对称相同的袖片,则先制作了一边完整的板片,缺少的另外一边板片运用"对称板片(板片和缝纫线)"(快捷键Ctrl+D)命令复制得到。在后面缝纫板片时,只需缝纫一边的板片,另外一边板片也会同时缝纫好。]

2.5.4 板片安排

2.5.4.1 2D板片窗口板片安排

第1步,按A键或在2D工具栏左键单击"调整板片"工具 ;第2步,在2D窗口,用"调整板片"工具移动前、后衣身,左、右袖子的板片,围绕模特进行板片位置安排。图2-98是板片安排前的位置,图2-99是板片安排后的位置。

(注:DXF板片导入后,有些板片位置排放较整齐,只需框选所有板片,对好模特位置,如果是上衣板片,则将板片对应模特上身,如果是裤子板片,则将板片对应模特下半身,其他款式的板片依次类推做板片安排。如果导入的板片位置排放较松散,则需先安排

大片的板片，再安排小片的板片。图2-100所示导入的板片较为松散。）

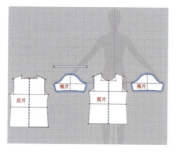
图2-98　板片安排前

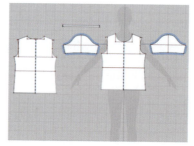
图2-99　板片安排后

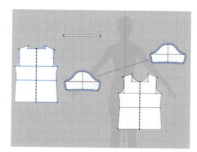
图2-100　导入的松散板片

2.5.4.2　3D服装窗口板片安排

（1）重置2D安排位置

第1步，按A键切换到调整板片工具，在2D板片窗口框选所有板片；第2步，将鼠标移到3D服装窗口对准任意一块服装板片后，单击右键打开右键菜单，再左键单击"重置2D安排位置（选择的）"，如图2-101所示。目的是将在2D板片窗口模特身上安排好的板片位置，同时在3D服装窗口也对应好模特位置，如图2-102所示。

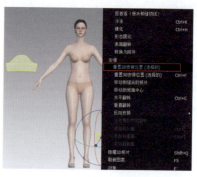
图2-101　板片重置2D安排位置

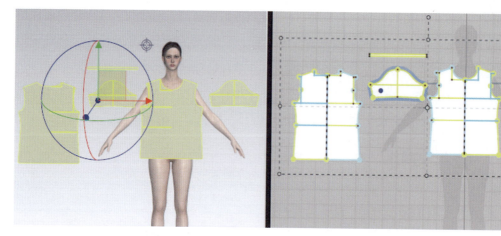
图2-102　3D服装窗口板片重置2D安排位置

（2）板片点安排

第1步，在3D工具栏如图2-103红色箭头所示，或按Shift+F键，打开点安排，如图2-104所示；第2步，单击左键选中前衣片，对准模特胸口的蓝色点；第3步，单击左键，让前片包裹模特，完成前片的点安排。按照第2、3步操作，依次完成后衣片、左右袖子、前后领片的点安排，最后如图2-105所示效果。再次按Shift+F键，关闭点安排。

项目2　CLO3D 常用工具

 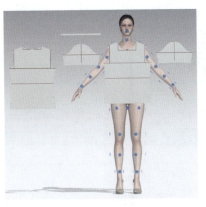 

图2-103　显示安排点按钮　　　　图2-104　打开点安排　　　　图2-105　点安排后的板片

（注：做了点安排的板片，不再是平面的板片，板片会随着模特的体积，发生一定的曲度变化，更有空间感。板片进行点安排后，还可以用"调整板片"工具，进行板片的位置移动、角度的旋转，让板片与模特的位置对应更准确。进行板片的点安排，是为了让板片与模特更贴合，为衣片缝合做准备。板片点安排完成后，注意检查板片是否与模特有相交的部分，如有相交，则使用坐标定位球移动或旋转板片，让板片与模特留出一定的空间。）

2.5.5　前后片缝合

第1步，在2D工具栏左键单击"线缝纫"工具 ![icon]，或按N键；第2步，逐段缝合侧缝，如图2-106所示；第3步，再依次缝合前肩和后肩，如图2-107所示。

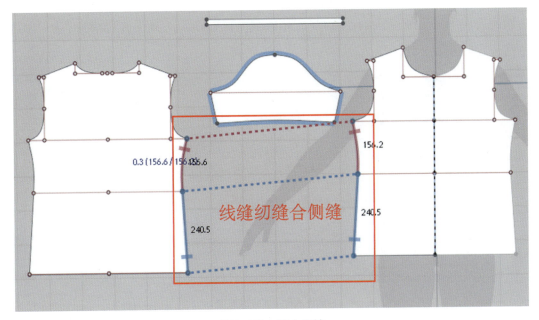

图2-106　缝合侧缝

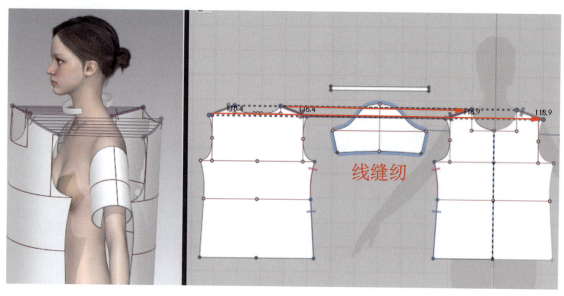

图2-107 缝合前肩和后肩

（注：做了"左右对称板片（板片和缝纫线）"操作后，左右连动的板片缝合任意一边，对称边也连动缝纫完毕。如需取消该功能，选中板片点击鼠标右键，选择"解除连动"即可关闭板片连动功能。）

2.5.5.1 左右袖片缝合

第1步，在2D工具栏左键单击"自由缝纫"工具 ，或按M键；第2步，按照图2-108红色箭头方向和数字1、2顺序，先缝合前袖窿；第3步，再合缝后袖窿，如图2-109红色箭头方向和数字3、4所示；第4步，切换到"线缝纫"工具，缝合袖身，如图2-110红色箭头方向和数字5所示。

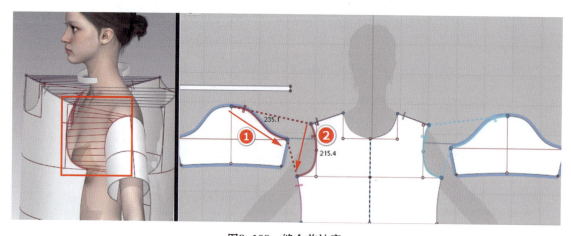

图2-108 缝合前袖窿

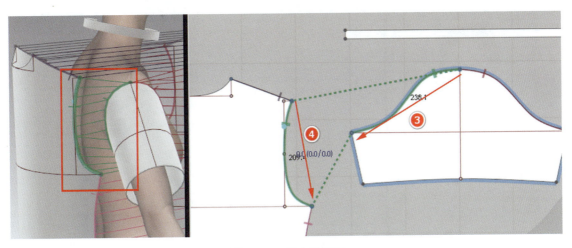

图2-109 缝合后袖窿

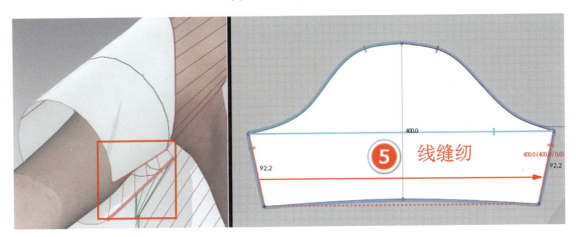

图2-110 缝合袖身

2.5.5.2 衣领缝合

第1步,切换到"自由缝纫"工具 ；第2步,按照图2-111红色箭头方向和数字1、2、3、4、5顺序,先从右往左缝衣领,再按住Shift键,从右往左,先缝前衣片,后缝后衣片的衣领连接处,从右往左缝合领片与衣片;第3步,在3D窗口,按住右键不松手,旋转模特,检查领片与衣片的缝纫线是否正常;第4步,按空格键模拟服装3D着装效果,效果如图2-112所示,完成缝纫。

女T恤虚拟缝制

(注:关闭或打开服装模拟状态:可按空格键,或在3D工具栏左键单击模拟按钮 关闭或打开模拟状态。服装模拟有"普通速度(默认)"和"试穿(面料属性计算)"两种类型,如 所示。在制作虚拟服装过程中,一般选用"普通速度(默认)"对服装进行模拟,计算机运行速度更快,而"试穿(面料属性计算)"相较于"普通速度(默认)"模拟服装效果更逼真,但是会降低计算机运行速度。)

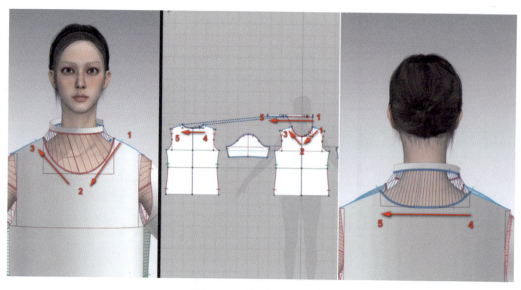

图2-111 缝合领片与衣片

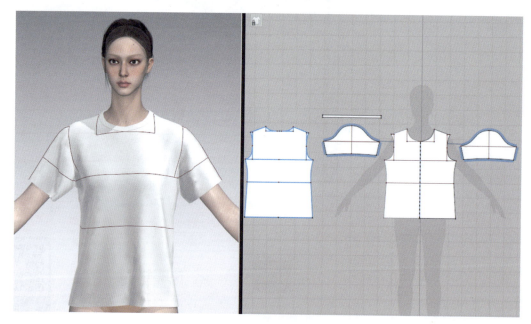

图2-112 T恤缝合效果

2.5.6 细节处理

2.5.6.1 袖口双层翻折处理

（1）袖口翻折线制作

第1步，切换到"编辑板片"工具 ，左键单击袖口线（既净样线），再单击右键打开右键菜单，单击左键选择"板片外线扩张"，如图2-113所示，打开"板片外线扩张窗口";第2步,在"间距"旁输入2和"侧边角度类型"选择"镜像",左键单击"确认"或按Enter键完成命令,如图2-114所示;第3步,按I键,或在2D工具栏左键单击"勾勒轮廓"工具,左键单击未扩张前的袖口线(现为虚线显示的基础线),按Enter键将基础线转换为内部线;第4步,使用"编辑板片"工具,先左键单击在第3步转换的袖口内部线(即袖口净样线),再单击右键选择"内部线间距",打开"内部线间距"对话框;第5步,在"间距"右下方的数值框中输入2,不勾选"选项"下的选项。如生成的内部线不是在想要的一侧,则勾选"反方向"。最后左键单击"确认"或按Enter键完成命令,如图2-115所示。

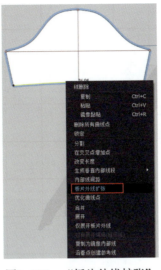
图2-113 "板片外线扩张"工具

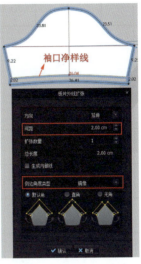
图2-114 "板片外线扩张"窗口

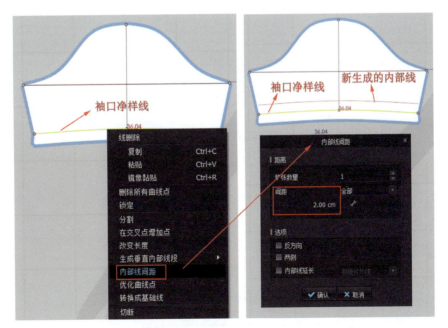
图2-115 "内部线间距"工具

（注：在"板片外线扩张"窗口中，"方向"类型选择"延伸"时为外线扩张，"方向"类型选择"缩放"时为外线收缩。

在"内部线间距"窗口中，内部线"选项"是否勾选"反方向"跟实际生成内部线方向有关系，如果生成的方向与需要的效果一致，不需要勾选"反方向"选项，如需在线的两侧生成内部线，可勾选"两侧"选项。）

（2）袖口双层翻折

第1步，在3D工具栏左键单击"折叠安排"工具 ，然后在3D窗口中单击左键选择袖口净样线，打开折叠安排定位球，如图2-116左图所示；第2步，鼠标对准袖口外侧的绿色箭头，按住左键同时移动鼠标至另外一边的红色箭头，尽量靠近红色箭头，但不要超过红色箭头，如图2-116右图所示；第3步，在2D工具栏左键单击"自由缝纫工具" 或按M键，先缝合袖口线和袖口内部线，然后缝合板片外线扩张后衣片扩张的侧缝，如图2-117所示；第4步，使用"编辑板片"工具 ，左键单击袖口净样线，单击

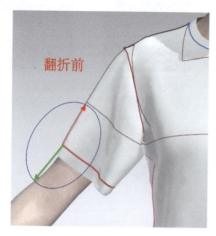
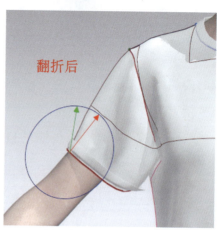

图2-116 折叠安排袖口

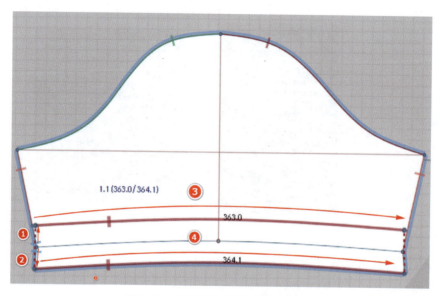

图2-117 缝合袖口线和袖口内部线

右键，在右键菜单中选择"内部线间距"，打开内部线间距窗口；第5步，在"内部线间距"对话框中的"扩张数量"旁输入2，"间距"右下输入0.15，在"选项"下勾选"两侧"，左键单击"确认"或按Enter键完成命令，如图2-118所示；第6步，按空格键模拟服装3D着装效果，效果如图2-119所示，完成缝纫。

（注："折叠安排"工具选择内部线后，生成的红绿箭头线并非固定朝向，实际选择翻折的箭头线要根据箭头方向判断。使用"编辑板片"工具选择进行折叠安排操作的内部线，在"属性编辑器"中会有"翻折角度"参数调整，该参数范围0~360，如图2-120所示。）

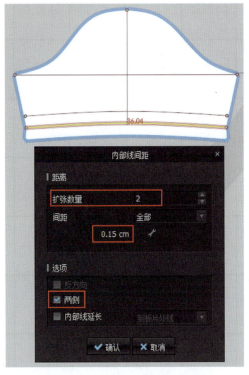

图2-118 调整内部线扩张数量

图2-119 袖口折叠效果

图2-120 折叠角度参数

2.5.6.2 衣摆双层翻折处理

（1）衣摆翻折线制作

第1步，切换到"编辑板片"工具 ，先用左键单击衣片下摆线，再单击右键，打开右键菜单，单击左键选择板片外线扩张，打开板片外线扩张窗口；第2步，在"间距"旁输入2，在"侧边角度类型"选择"镜像"，左键单击"确认"或按Enter键完成命令；第3步，使用"勾勒轮廓"工具 ，左键单击加选未扩张前的下摆线（现为虚线显示的基础线），按Enter键将基础线转为内部线；第4步，使用"编辑板片"工具 ，左键单击在第3步转换的下摆内部线（即下摆净样线），单击右键选择"内部线间距"，打开"内部线间距"对话框；第5步，在"间距"右下方的数值框中输入2，不勾选"选项"下的选项。如生成的内部线不是在想要的一侧，则勾选"反方向"。最后左键单击"确认"或按Enter键完成命令，如图2-121所示。

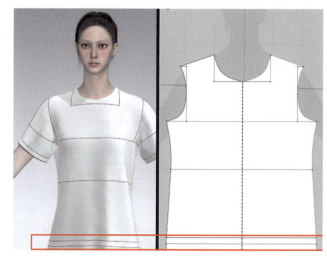

图2-121　增加衣摆内部线

（2）衣摆双层翻折

第1步，在3D工具栏左键单击"折叠安排"工具 ，然后在3D窗口中单击左键选择下摆净样线，打开折叠安排定位球；第2步，鼠标对准下摆外侧的箭头，按住左键同时移动鼠标至另外一边的箭头；第3步，在2D工具栏左键单击"自由缝纫工具" 或按M键，先缝合下摆线和下摆内部线，然后缝合板片外线扩张后衣片扩张的侧缝；第4步，使用"编辑板片"工具 ，左键单击下摆净样线，单击右键，在右键菜单中选择"内部线间距"，打开内部线间距窗口；第5步，在"内部线间距"对话框中的"扩张数量"旁输入2、"间距"右下输入0.15，在"选项"下勾选"两侧"，左键单击"确认"或按Enter键完成命令；第6步，按空格键模拟服装3D着装效果，效果如图2-122所示，完成缝纫。（注：前后衣片均为同样操作。）

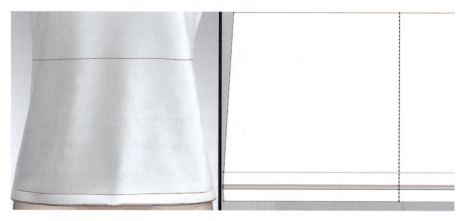

图2-122　衣摆双层翻折处理效果

2.5.6.3 领子厚度处理

第1步，使用"调整板片"工具，左键单击领片，在"属性编辑器"中找到"模拟属性"选项；第2步，在"增加厚度-渲染（mm）"输入2，如图2-123所示；第3步，使用"编辑板片"工具，左键单击衣领上端外部线，在属性编辑器中找到"被选择的线"选项；第4步，勾选"双层表现"选项，如图2-124所示。

女T恤细节处理

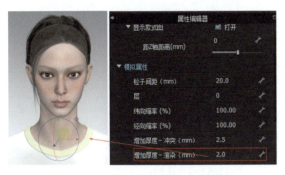

图2-123 领子增加厚度——渲染

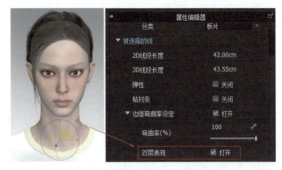

图2-124 领子双层表现

（注：新建文件时，设置"增加厚度-渲染"后，在3D窗口查看有无厚度变化，需在3D窗口左上角打开面料显示选项，打开"浓密纹理表面"，或按"Alt+1"，如图2-125所示。）

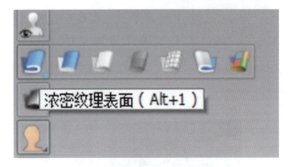

图2-125 浓密纹理表面按钮

任务2.6 常见问题纠错

2.6.1 板片间缝纫线交叉

在板片缝纫过程中，容易出现板片之间的缝纫线交叉，如图2-126中红色框所示。

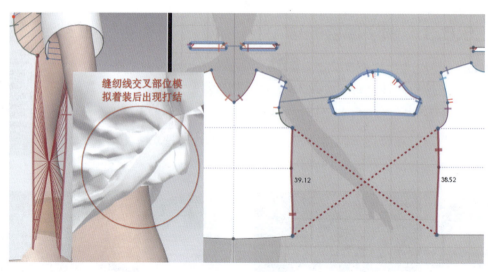

图2-126 缝纫线交叉

缝纫线交叉，将会导致模拟着装时，衣服出现打结。

2.6.1.1 缝纫线交叉解决方法1：调换缝纫线

第1步，按B键或在2D工具栏左键单击该图标，切换到"编辑缝纫线"工具；第2步，鼠标对准出现交叉的缝纫线，先单击右键打开右键快捷菜单，再左键单击"调换缝纫线"，或在键盘按Ctrl+B键，即可将交叉的缝纫线理顺，如图2-127中红色框所示。

图2-127 调换缝纫线解决缝纫线交叉

2.6.1.2 缝纫线交叉解决方法2：删除缝纫线重新正确缝纫

第1步，按B键或在2D工具栏左键单击该图标，切换到"编辑缝纫线"；第2步，鼠标对准出现交叉的缝纫线，先单击右键，打开右键快捷菜单，再左键单击"删除缝纫线"，或按Delete键删除缝纫线；第3步，用"自由缝纫"工具或"线缝纫"工具重新正确缝纫。

2.6.2　板片间缝纫线长度不一致

在板片缝纫过程中，容易出现两块板片之间的缝纫线长度不一致，如图2-128中红色框所示。两条缝纫线长度不一致，将会导致模拟着装时，衣服出现褶皱，着装效果图不平顺。

缝纫线长度不一致解决方法如下。第1步，在键盘左键单击B键或在2D工具栏左键单击该图标 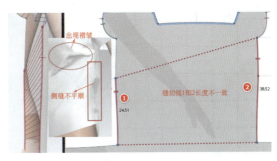，切换到"编辑缝纫线"；第2步，鼠标对准需要调整长度缝纫线的结束点，按住左键拖动鼠标，直到两条缝纫线长度数值一致时松开左键即可，如图2-129中红色框所示。

图2-128　着装效果图不平顺

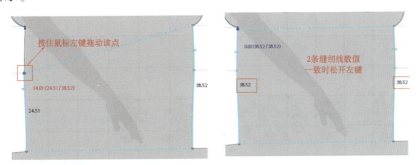

图2-129　缝纫线长度不一致解决方法

项目学习总结

1. 板片缝纫方向要一致。
2. 板片安排原则，先安排大的板片，再安排小的板片。
3. 移动、缩放、旋转板片，用"调整板片"工具，快捷键A。
4. 改变板片形状、编辑板片内部图形，用"编辑板片"工具，快捷键Z。
5. 根据不同板片形状特点，缝纫工具可以进行切换选择，提高缝合速度。

思考题

1. 袖子与衣身缝合，除了用"自由缝纫"工具缝合，还可以用哪种缝纫工具缝合？
2. "线缝纫"工具适合缝纫T恤哪些部位的板片，以提高缝合速度？
3. 领片细节处理方式除了设计渲染厚度外，还可以用什么方式处理？

项目 3
渲染与动态走秀

建议课时：8课时

> **教学目标**

知识目标
1. 掌握CLO3D软件虚拟服装效果图片的渲染理论知识
2. 掌握CLO3D软件的灯光布光理论知识
3. 掌握CLO3D软件虚拟模特和服装走秀视频录制理论知识

能力目标
1. 能够根据设计需要选择适合的渲染方法渲染虚拟服装效果图片
2. 能够根据设计需要选择适合的灯光给3D虚拟模特、服装、场景布光
3. 能够根据设计需要录制并导出流畅的虚拟模特和服装走秀视频

思政目标
1. 通过学习软件渲染应用，培养学生设计表现的职业能力，以及精益求精的工匠精神
2. 通过学习软件灯光操作，提升学生对3D场景渲染和灯光的美感认知

任务3.1 图片渲染

"渲染"菜单包括渲染、通过CLOSET渲染、高品质渲染（3D窗口）、款式图渲染（3D窗口）4种形式，如图3-1红色框所示。

（注：在进行渲染前，要先关闭服装模拟状态，可按键盘空格键或在3D工具栏左键单击"模拟"按钮 关闭。）

图3-1 "渲染"菜单

3.1.1 通过CLOSET渲染

这种渲染方式是指直接放到CLOSET网站进行渲染。对软件运用熟练，且制作的3D虚拟服装模拟渲染没有问题的，可以放到CLOSET网站进行批量渲染。

3.1.2 款式图渲染（3D窗口）

这种渲染方式是指在3D服装窗口，将服装的轮廓线、接缝线、内部线、明线、服装的纹理或色彩、亮度渲染出来，如图3-2中红色箭头所示。

3.1.3 高品质渲染（3D窗口）

渲染菜单栏的"高品质渲染（3D窗口）"与3D服装视窗左上角这个快捷图标按钮 功能一样。用这种方式渲染的虚拟服装效果图光感效果更柔和细腻，仿真度更高，图3-3和图3-4分别为高品质渲染前后的图。经

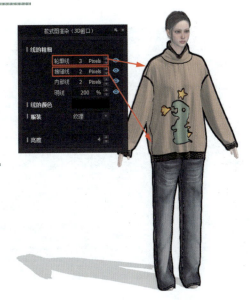

图3-2 款式图渲染（3D窗口）

过高品质渲染后的图，光感效果更柔和细腻，图片质量更清晰。

3.1.4 快照渲染

通过"文件"菜单下的"快照"，也可以快速渲染2D板片和3D视窗虚拟服装，如图3-5中红色框所示。

图3-3 高品质渲染前的图

图3-4 高品质渲染后的图

3.1.4.1 2D板片（1:1）渲染

这种方式可以渲染2D板片视窗的服装板片。2D板片（1:1）渲染对话框如图3-6中红色框所示，在"2D快照"对话框里可以调整渲染图片的尺寸、像素大小，也可以显示或不显示板片的外轮廓线、内部线等。2D板片渲染图效果如图3-7所示。

3.1.4.2 3D视窗渲染

这种方式可以渲染3D视窗的虚拟服装效果图。

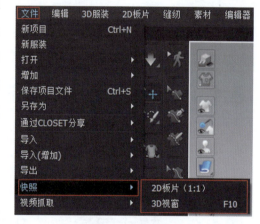

图3-5 快照渲染

图3-6 "2D快照"对话框

图3-7 2D板片渲染图效果

按快捷键F10，或左键单击"文件"菜单，再次左键单击"快照"，最后左键单击"3D视窗"，打开"保存文件"对话框，对保存文件命名为"毛衣"，如图3-8所示。左键单击"保存"打开"快照"对话框。

在"快照"对话框，可以单张或多视图渲染3D视窗的虚拟服装。

（1）单张图渲染

打开"用户自定义"右侧的三角形下拉列表，如图3-9中红色箭头和方框所示，第一个方框里的如A4等尺寸是按纸张的大小尺寸显示，第二个方框里的如1920×1080（16:9）等尺寸是按屏幕尺寸来显示。选择不同的尺寸，渲染图片的尺寸也不同。

如选择"单张"，预设选择"A4"尺寸，则下方的宽度是210mm，高度是297mm，与实际A4纸张的大小一致，如图3-10中红色箭头和框所示。图3-11和图3-12都是按A4尺寸、分辨率300渲染，其中图3-11渲染时勾选透明背景图，而图3-12渲染时不勾选透明背景，选择保留了3D视窗背景颜色。

图3-8　"保存文件"对话框

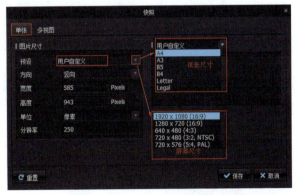

图3-9　渲染尺寸

图3-10　渲染设置

图3-11　透明背景图

图3-12　非透明背景图

（2）多视图渲染

选择"快照"对话框"多视图"，调整"画面个数"参数（画面个数最多有10个画面），同款虚拟服装可以同时渲染多个角度，其他参数设置与单张视图设置一致，如图3-13中红色框所示。

如在预览画面选择"用户自定义"，如图3-13中红色箭头所示，在3D视窗调整虚拟模特和服装大小后，左键单击"用户自定义"那张图下的相机按钮，该图大小、角度与在3D视窗调整后的效果一致。图3-14为多视图渲染效果图。

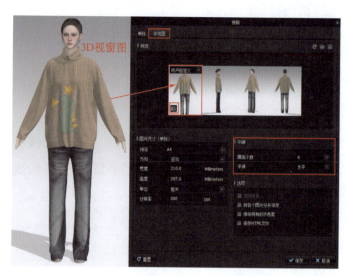

图3-13 "画面个数"参数设置

图3-14 多视图渲染效果图

3.1.5 渲染

通过"渲染"菜单下的渲染面板，可调整渲染各项参数，具体功能介绍如表3-1和图3-15所示。

表 3-1　渲染面板工具介绍

图标及名称	命令功能
同步渲染	按下该按钮，渲染窗口的渲染图与3D视窗调整的虚拟模特和服装呈现效果同步。在给3D场景布置灯光时，一般会按下该按钮，方便及时查看灯光调整效果
最终渲染	先按下"停止渲染"按钮关闭"同步渲染"后，再按下"最终渲染"按钮，渲染窗口进行最终效果渲染。按下该按钮后要停止在视窗进行鼠标操作
停止渲染	按下该按钮，在渲染窗口停止同步渲染
复制当前图片	按下该按钮，可复制当前渲染的图片
保存当前图片	按下该按钮，可保存当前渲染的图片
打开已保存的文件夹	按下该按钮，可打开已保存的文件夹
图片视频属性	按下该按钮，可打开图片视频属性编辑器面板，调整渲染图片、视频的尺寸大小、背景色彩、纹理、保存路径、渲染视角
镜头属性	按下该按钮，可打开镜头属性编辑器面板，调整相机镜头参数
光线属性	按下该按钮，可打开光线属性编辑器面板，调整场景灯光参数
渲染属性	按下该按钮，可打开渲染属性编辑器面板，调整渲染参数
通过CLOSET渲染	按下该按钮，可通过CLOSET渲染在网上渲染

图3-15　渲染面板

3.1.5.1 图片视频属性编辑器

图片视频属性编辑器功能如图3-16所示。

3.1.5.2 镜头属性编辑器

镜头属性编辑器功能如图3-17所示。

3.1.5.3 渲染属性编辑器

渲染属性编辑器功能如图3-18所示。

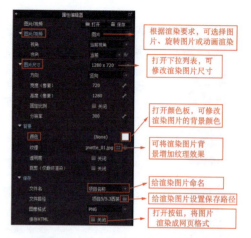

图3-16 图片视频属性编辑器功能

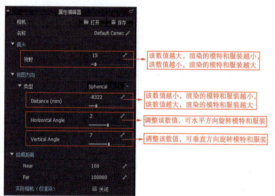

图3-17 镜头属性编辑器功能

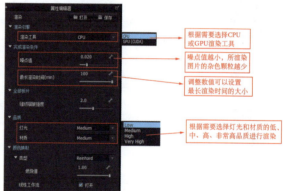

图3-18 渲染属性编辑器功能

任务3.2 灯光效果

渲染灯光有 矩形灯、 、球形灯、 方位灯、 聚光灯、 IES灯、 天棚灯6种。灯盏光源离人体越近，光照效果越亮；灯盏光源离人体越远，光照效果越暗。

3.2.1 灯光的显示、隐藏

如要在3D服装窗口和渲染窗口显示灯光的形状、大小和位置,则左键单击3D服装窗口工具栏的"显示光源(渲染)"按钮 ,如图3-19中红色框、文字所示。在调整灯光位置、大小、色彩时,需打开该按钮,方便调整。灯光参数设置好最后渲染图片时,则要关闭该按钮。

3.2.2 灯光的创建、删除

3.2.2.1 灯光的创建

左键单击渲染窗口的灯光按钮,如矩形灯 按钮,则在3D服装窗口的坐标原点创建一盏矩形灯,如图3-20所示。左键单击选中矩形灯,显示灯盏坐标,通过坐标可将矩形灯移动到合适位置,如图3-21所示。

图3-19 显示光源(渲染)效果　　图3-20 创建矩形灯　　图3-21 移动矩形灯

3.2.2.2 灯光的删除

如要删除某盏灯光,则左键单击该盏灯,按Delete键可删除。

3.2.3 矩形灯

3.2.3.1 矩形灯属性编辑器

矩形灯属性编辑器如图3-22所示。

(1)强度

修改"强度"数值,可以调整灯光的亮度,数值越大,灯光越亮,反之则越暗。

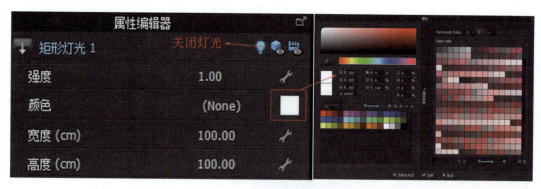

图3-22 矩形灯属性编辑器

（2）颜色

左键单击"颜色"旁边的白色色块，可以打开颜色面板，调整灯光的色彩。

（3）宽度、高度

修改"宽度""高度"数值，可以调整矩形灯盏的大小。

图3-23和图3-24是灯光强度和颜色数值不同的渲染效果图。

3.2.3.2 矩形灯光特点

矩形灯发光源为矩形，产生的光照范围也呈矩形，如图3-25所示。

图3-23 矩形灯效果1

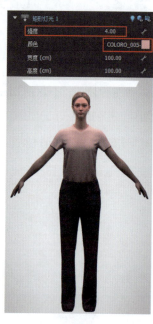

图3-24 矩形灯效果2

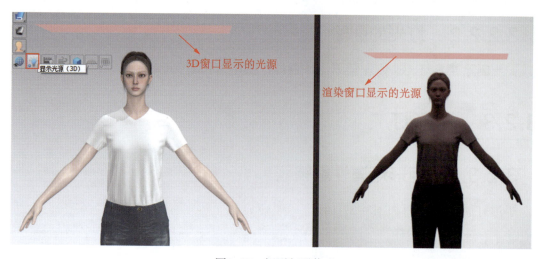

图3-25 矩形灯形状

3.2.4 球形灯

3.2.4.1 球形灯属性编辑器

图3-26 球形灯属性编辑器

球形灯属性编辑器如图3-26所示。

球形灯的"强度"和"颜色"数值调整与矩形灯调整方法相同。"半径"数值越大,球形灯盏的照射面积越大,反之则越小。

3.2.4.2 球形灯光特点

球形灯发光源为球形,产生的光照范围也呈球形,图3-27和图3-28所示是"强度"和"半径"数值大小不同的光照效果。

图3-27 球形灯效果1　　图3-28 球形灯效果2

3.2.5 方位灯

3.2.5.1 方位灯属性编辑器

图3-29 方位灯属性编辑器

方位灯属性编辑器如图3-29所示。

方位灯的"强度"和"颜色"数值调整与矩形灯调整方法相同。

3.2.5.2 方位灯光特点

通过旋转坐标,可以调整方位灯的光照角度,效果如图3-30所示。

图3-30 方位灯光效果

3.2.6 聚光灯

3.2.6.1 聚光灯属性编辑器

聚光灯属性编辑器如图3-31所示。

聚光灯的"强度"和"颜色"数值调整与矩形灯调整方法相同;增大"锥体角度"数值,可以扩大光照范围,增大"半影角度"数值,可以扩大阴影范围。图3-32和图

3-33是"锥体角度"和"半影角度"数值不同的光照效果。

3.2.6.2　聚光灯光特点

通过旋转坐标轴，可以调整聚光灯的光照角度，产生的光照范围呈圆形，一般用来小面积照射服装要重点突出的部分。

3.2.7　IES灯

3.2.7.1　IES灯属性编辑器

IES灯属性编辑器如图3-34所示。

左键单击IES灯属性编辑器中的"IES文件"右侧的方块按钮，打开"IES灯"文件夹，如图3-35中数字1红色箭头所示，选择不同的灯光文件，光照效果不同。

灯光强度有Specified和Custom两种类型。

图3-36和图3-37是选择不同IES文件的光照效果。

图3-31　聚光灯属性编辑器

图3-32　聚光灯效果1　　图3-33　聚光灯效果2

图3-34　IES灯属性编辑器

图3-35　不同的IES文件

图3-36　不同IES文件的光照效果1　　图3-37　不同IES文件的光照效果2

3.2.7.2　IES灯光特点

IES灯是在软件外部设定好的，可以直接导入软件使用，不需要在软件中设置灯光参数。

渲染和灯光

3.2.8　天棚灯

3.2.8.1　天棚灯属性编辑器

天棚灯属性编辑器如图3-38所示。

天棚灯属性编辑器中的"光线强度"数值越大，光照越亮，反之则越小。调整"灯光角度"，可以调整光照角度。

左键单击"环境图"右侧的"+"号，打开环境贴图文件夹，如图3-39中红色框所示。选择不同的环境贴图文件，光照效果不同。

图3-40和图3-41是选择不同环境贴图文件的光照效果。

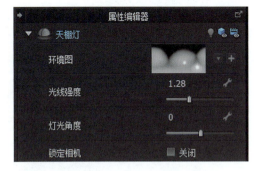

图3-38　天棚灯属性编辑器

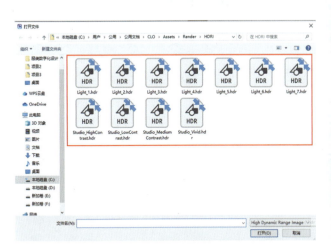

图3-39　打开"环境贴图"文件夹

图3-40　不同环境贴图文件的光照效果1

图3-41　不同环境贴图文件的光照效果2

3.2.8.2　天棚灯光特点

打开软件时，在3D服装窗口默认有一盏天棚灯。天棚灯一般用来做场景的环境灯，照射面积大。

3.2.9　灯光综合运用

如要修改灯光参数，在渲染窗口左键单击"灯光属性"按钮 ![icon]，可打开灯光属性编辑器，在属性编辑器面板，可以看到在3D服装窗口场景设置的所有灯光。

图3-42是只有一盏天棚灯的效果图，只有大环境的光照效果，虚拟模特不够立体；图3-43在头部和胸前区域增加了一盏聚光灯，参数设置如属性编辑器面板所示。在聚光灯照射范围，如红色圈中部分，光照亮度增加，下巴底端脖子部分的阴影效果明显，增强了虚拟模特的立体感。

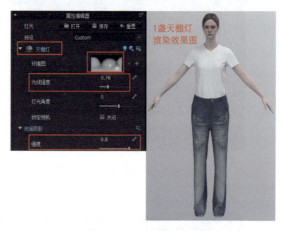
图3-42　一盏天棚灯的效果图

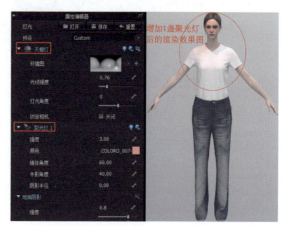
图3-43　一盏天棚灯+聚光灯的效果图

任务3.3　动态走秀

3.3.1　设置3D背景

在3D服装窗口单击右键，打开右键快捷菜单，单击左键选择"设置3D背景"可打开对话框。选择"图片或者纹理填充"，左键单击右侧文件夹，可打开自备的图片填充3D服装窗口背景，如图3-44所示。

如在"设置3D背景"对话框中选择"色块填充",可打开"颜色"色板,选择合适的背景色,如图3-45中红色箭头和数字所示。如要恢复到3D服装窗口原有灰色背景色,可左键单击"重置"按钮。

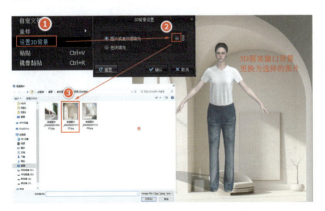

图3-44 "设置3D背景"对话框

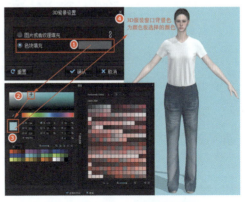

图3-45 设置3D背景颜色

3.3.2 旋转视频录制

在"文件"菜单左键单击"视频抓取"后的"旋转录制",打开"3D服装旋转录像"对话框。第1步,打开"预设"下拉列表选择合适的尺寸;第2步,再根据需要选择"方向"里的竖向或横向;第3步,在"持续时间"里设置视频时间;第4步,左键单击录像图标录制视频,如图3-46中红色箭头和数字所示。如勾选"保存HTML文件",则以网页形式保存录制文件。

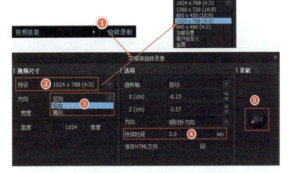

图3-46 旋转视频录制

视频录制好后,会弹出如图3-47所示"3D服装旋转录像"对话框,左键单击"播放"按钮,可预览录制的视频效果,如预览效果满意,左键单击"保存"按钮保存视频。

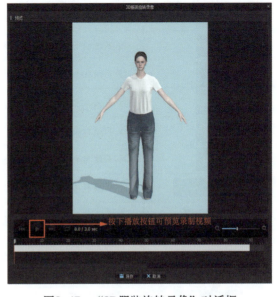

图3-47 "3D服装旋转录像"对话框

3.3.3 走秀录制

3.3.3.1 动画模式界面

在软件右上角，左键单击"模拟"模式旁的三角形按钮，打开下拉列表，左键单击"动画"切换到"动画模式"界面，如图3-48所示，软件界面中间窗口为动画观察视窗，底部为动画编辑栏。

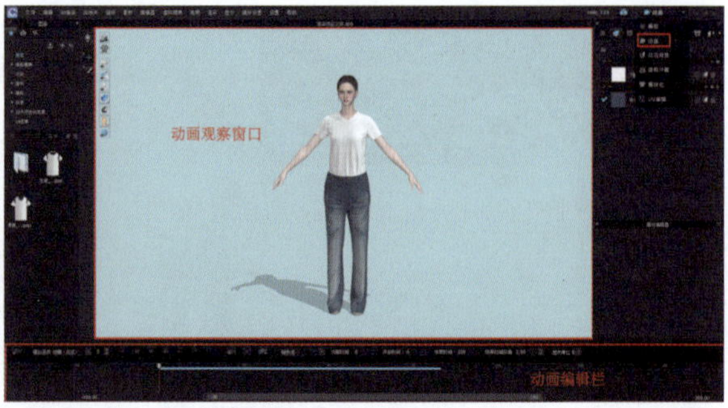

图3-48 "动画模式"界面

3.3.3.2 动画编辑栏

动画编辑栏中的工具图标及其命令功能见表3-2。

表 3-2 动画编辑栏工具

图标	命令功能
 ■	按下动画录制按钮，开始录制虚拟模特和服装走秀动画
 ◄◄	按下该按钮，虚拟模特走秀动画回到开始部分，如要更换走秀动作或摄像机，务必先按下该按钮，让虚拟模特回到开始点再更换
 ◄	按下该按钮虚拟模特走秀动画转到上一帧
 ►	按下该按钮播放虚拟模特走秀动画
►|	按下该按钮虚拟模特走秀动画转到下一帧
 ►►	按下该按钮，虚拟模特走秀动画回到结束部分
 ↻	按下该按钮，可循环播放虚拟模特走秀动画
1X	按下该按钮，可切换虚拟模特走秀动画播放速度
 ▲	按下该按钮，可增加或覆盖关键帧
 ⬚	按下该按钮，可同时播放摄像机预览走秀动画
 ⫩	按下该按钮，可显示或隐藏摄像机路径
帧步进 ▼	动画播放有帧步进和实时两种形式
显示单位 帧 ▼ 秒	显示单位有帧和秒两种形式，如果选择"帧"，则当前、开始、结束时间，时间轴显示的数字为帧；如果选择"秒"，则当前、开始、结束时间，时间轴的显示数字为秒
当前时间：97	"当前时间"显示的数字代表动画当前播放的帧或秒
开始时间：0	"开始时间"显示的数字代表动画开始播放的帧或秒
结束时间：436	"结束时间"显示的数字代表动画结束播放的帧或秒

3.3.3.3 走秀视频录制步骤

第1步，在图库窗口双击左键打开"虚拟模特"文件夹下的"走秀动作"文件夹，如图3-49中红色数字①所示。

第2步，再次左键双击"女模V2"，如图3-49中红色数字②所示。（注：女模有多个行走路线

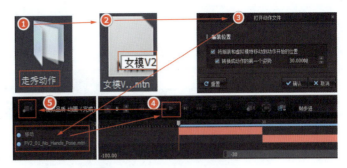

图3-49　走秀视频录制步骤1

和动作，可自行登录软件官网下载文件，添加到图库窗口，素材添加方法同项目1任务1.3中1.3.2.3素材添加方法一致。）

第3步，打开"动作文件"对话框，勾选2个选项，如图3-49中红色数字③所示，左键单击"确认"按钮，将走秀动作添加到动画编辑栏左下角中动画时间轴上，如图3-49中红色数字③箭头所指。

第4步，左键单击"播放"按钮，如图3-49中红色数字④所示，在动画观察窗口观察走秀动作是否有问题。在播放动画过程中，可同时在动画观察窗口调整走秀画面的位置和大小。

第5步，走秀画面位置和大小确定好后，先单击"到开始"按钮，让模特返回到开始点，再左键单击"录制"按钮，录制"虚拟模特和服装"走秀视频，如图3-49中红色数字⑤所示。

第6步，上一步骤录制结束后，按下"播放"按钮，在3D动画视窗观察"虚拟模特和服装"走秀视频无误后，在"文件"菜单左键单击"视频抓取"后的"视频"，打开"动画"对话框，预设合适的视频尺寸，左键单击"摄像机"按钮，录制视频。视频录制完成后，再左键单击"停止录制"按钮，如图3-50中红色数字和箭头所示。

第7步，在弹出的"3D服装旋转录像"对话框，按下"播放"按钮，预览"虚拟模特和服装"走秀视频录制效果，如效果满意则左键单击"保存"，

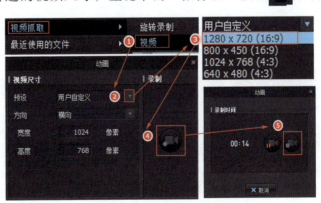

图3-50　走秀视频录制步骤2

在弹出的"保存文件"对话框对录制视频命名，并选择视频保存类型，最后左键单击"保存"，完成视频导出，如图3-51中红色数字和箭头所示。

（注：视频保存类型有MP4和AVI两种格式。）

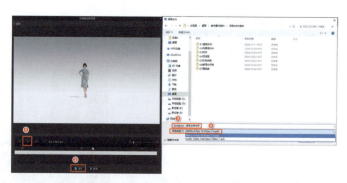

图3-51　走秀视频录制步骤3

增加完走秀动作后，根据需要可同时在3D场景中增加舞台背景和摄像机。

（1）增加舞台背景

在图库窗口双击左键打开"舞台"文件夹，鼠标对准一款舞台单击右键，左键单击"增加到工作

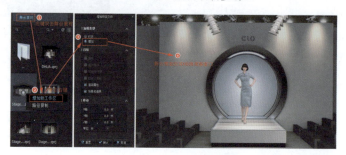

图3-52　增加舞台背景

区"，打开"增加项目文件"对话框，加载类型选择"增加"，最后左键单击"确认"，舞台背景增加到3D动画观察视窗，如图3-52中红色数字和箭头所示。

可通过鼠标操作将舞台移动或放大、旋转到合适的位置；如要删除舞台，则单击右键打开右键菜单，左键单击"删除所有场景/道具"便可删除舞台，如图3-53所示。

（2）增加摄像机动作

在图库窗口双击左键打开"虚拟模特"文件夹下的"摄像机动作"文件夹，鼠标对准一个摄像机文件双击左键，摄像机添加到动画编辑栏左下角中动画时间轴上，如图3-54红色数字所示。

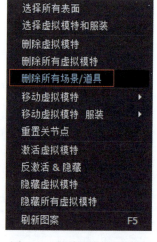

图3-53　删除所有场景/道具

（注：添加摄像机后，虚拟模特走秀视频可以增加摄像机推、拉、摇、移的镜头运动效果。）

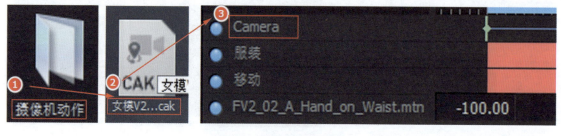

图3-54　增加摄像机动作

视频录制

项目学习总结

1. 在调整灯光效果时,打开同步渲染按钮,让渲染窗口的渲染图与3D视窗的"虚拟模特和服装"调整效果同步,方便及时查看调整效果。
2. 3D视窗的"虚拟模特和服装"灯光设置好后,打开最终渲染按钮,完成图片效果最后渲染。
3. 布光原则:一般大面积环境光使用天棚灯,如要小面积重点展示服装局部,可增加选择使用聚光灯或矩形灯。
4. 如要更换走秀动作或摄像机,务必在动画编辑栏按下"到开始"按钮,先让虚拟模特走秀动画回到走秀开始部分,再更换走秀动作或摄像机。

思考题

1. 如何渲染导出多角度静态虚拟服装效果图?
2. 如何录制导出虚拟模特服装动态走秀视频?

项目 4
常见男女装案例应用

建议课时：32课时

> **教学目标**

> **知识目标**

1. 掌握贴边、嵌条效果操作方法理论知识
2. 掌握褶裥效果操作方法理论知识
3. 掌握翻折、粘衬效果操作方法理论知识
4. 掌握压力效果操作方法理论知识
5. 掌握男式机车夹克板片缝纫特点、安装拉链操作方法理论知识
6. 掌握男式破洞牛仔裤板片缝纫特点、明线操作方法理论知识
7. 掌握套装增加理论知识
8. 掌握经典男西装板片缝纫特点理论知识

> **能力目标**

1. 能够运用"贴边""嵌条"工具制作旗袍虚拟着装效果
2. 能够运用"缝制褶裥"工具制作马面裙虚拟着装效果
3. 能够运用"折叠安排""粘衬"工具制作衬衣虚拟着装效果
4. 能够运用"压力"工具制作羽绒服虚拟着装效果
5. 能够运用"勾勒轮廓""拉链"等工具制作男式机车夹克虚拟着装效果
6. 能够运用"明线""贴图"等工具制作男式破洞牛仔裤虚拟着装效果
7. 能够运用"层"工具制作套装虚拟着装效果
8. 能够运用缝纫类工具、"勾勒轮廓"等工具制作经典男西装虚拟着装效果

> **思政目标**

1. 通过制作虚拟旗袍案例，培养学生运用传统文化元素设计创新的能力
2. 通过制作虚拟马面裙案例，引导学生自觉传承和弘扬中华优秀传统文化，增强文化自信
3. 通过完成企业男装虚拟项目制作，培养学生与人沟通、相互协调的能力以及创新意识
4. 通过完成企业男装虚拟项目制作，培养学生遵守行业标准、行业规则的意识

任务4.1 贴边、嵌条效果——旗袍制作

4.1.1 旗袍制作新工具

4.1.1.1 "贴边"和"嵌条"工具的操作方法

"贴边"和"嵌条"工具的操作方法相似。

(1)贴边缝纫

在3D工具栏左键单击"贴边"工具 ,然后切换到2D板片窗口,将鼠标对准需要进行贴边的板片边上,当出现有蓝色点时,单击左键开始,松开左键移动鼠标到贴边要结束的位置,最后双击左键结束,缝上贴边的部分呈蓝色显示,如图4-1中红色框和箭头所示。

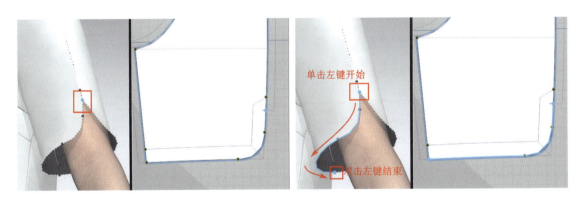

图4-1 贴边缝纫

(2)贴边删除

在3D工具栏左键单击"选择贴边"图标 ,然后切换到2D板片窗口,鼠标对准缝好的贴边线,单击右键打开右键快捷菜单,选择"删除"命令,或按Delete键,可以将缝好的贴边删除。

4.1.1.2 织物面料属性

虚拟织物服装面料的色彩、图案、质感需要在织物属性编辑器调整、编辑,具体参数如图4-2所示。

（1）类型

打开"类型"右侧的三角形，软件自带有织物_哑光、织物_有光泽的、织物_丝绸/色丁、织物_丝绒、毛发（仅渲染）、宝石（仅渲染）、玻璃（仅渲染）、闪粉（仅渲染）、幻彩（仅渲染）、灯光（仅渲染）、皮革、金属、塑料、皮肤（仅渲染）14种类型。选择不同的类型，可以模拟面料不同的材质效果。

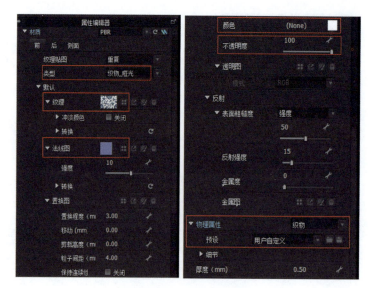

图4-2 织物属性编辑器

（2）纹理

点击"纹理"右侧的四方块图标，可以打开"文件"对话框，选择准备好的图案或图片贴到模拟服装板片上，模拟服装的图案、色彩效果。

（3）法线图

点击"法线图"右侧的四方块图标，可以打开"文件"对话框，选择准备好的法线图片贴到服装板片上，模拟服装凹凸的纹理质感。

（4）颜色

点击"颜色"右侧的色块，可以打开"颜色"板，修改服装板片色彩。

（5）不透明度

"不透明度"数值在0和100之间，当数值为0时，服装板片完全透明，当数值为100时，服装板片不透明。可以根据设计需要调整数值大小，调整服装面料的透明度。

（6）反射

"表面粗糙度"数值越大，面料表面越粗糙，光泽度越低；数值越小，面料表面越光滑紧致，光泽度越高。"反射强度"和"金属度"数值越大，面料的光泽度越高；数值越小，光泽度越低。

（7）物理属性预设

将右侧的滚动条拖到最低端，打开在"物理属性预设"旁的三角形，选择一种合适的面料类型，模拟面料的软硬属性。也可以选择"自定义"，调整细节数值来达到调整面料软硬属性。

4.1.2　旗袍制作

图4-3所示是旗袍板片结构，分别为旗袍前片、旗袍后片、旗袍袖片、旗袍立领。

本案例将学习运用"点安排"工具、"层"工具处理有层次关系的衣片；运用"勾勒轮廓"工具制作旗袍裙片省道；运用"图案"工具给旗袍添加图案效果；运用"贴边"工具制作旗袍绲边效果。

4.1.2.1　板片整理安排

（1）模特导入

第1步，在图库窗口双击左键，打开"虚拟模特"文件夹；第2步，双击左键打开"女模V2"文件夹；第3步，选中一款适合旗袍气质的模特，双击左键导入3D操作窗口；第4步，双击左键打开"头发"文件夹，选中"女模V2_波波头.zacs"，双击左键更换模特发型，如图4-4所示。

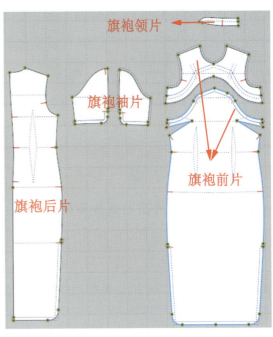

图4-3　旗袍板片结构

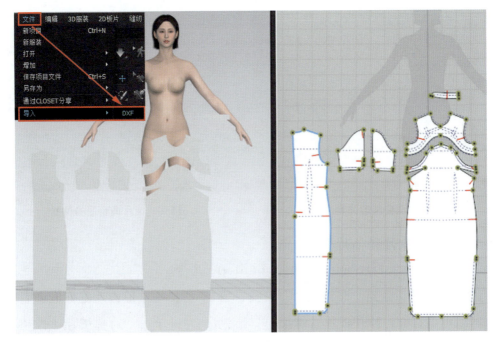

图4-4　模特和板片导入

（注：软件中自带"女模V1"和"女模V2"两个文件夹，添加的模特素材可以放到其中任意一个文件夹，本案例所选模特素材添加到"女模V2"文件夹。制作不同款式的服装虚拟效果图时，可以根据服装的不同风格气质选择适合的模特、发型与之搭配。）

（2）板片导入

第1步，左键单击"文件"菜单，将鼠标移到"导入"，再左键单击DXF；第2步，打开"文件"对话框，左键单击选择"旗袍dxf"文件，再左键单击对话框右下角的"打开"按钮，打开"导入DXF"对话框，左键单击"确认"，将板片导入CLO3D操作视窗，如图4-4所示。

（3）2D板片窗口板片安排

第1步，按A键，或在2D工具栏左键单击"调整板片"工具 ；第2步，在2D窗口，用"调整板片"工具将旗袍前片、后片、袖片、领片围绕模特剪影进行板片位置调整。图4-5和图4-6分别是板片调整前后的位置。

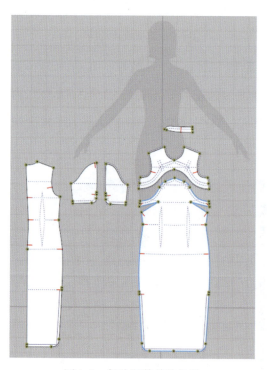

图4-5　板片调整前的位置

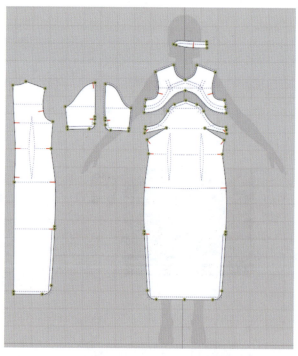

图4-6　板片调整后的位置

（4）补齐后衣片和袖片板片

运用"对称板片（板片和缝纫线）"（Ctrl+D）命令。

第1步，按A键切换到"调整板片"工具；第2步，按住左键拖动鼠标框选后衣片和袖片，然后单击右键，打开板片右键菜单；第3步，左键单击"对称板片（板片和缝纫线）"命令，然后拖动鼠标，复制出另外一边板片，如图4-7所示。

项目4 常见男女装案例应用

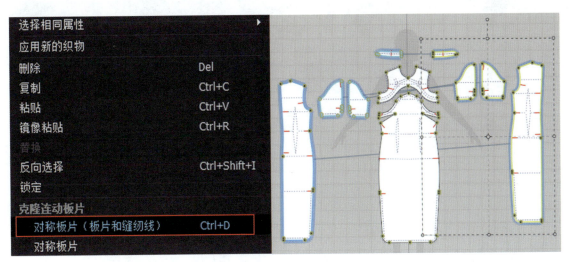

图4-7 对称板片（板片和缝纫线）

（5）3D服装窗口板片安排

重点调整好前裙片大、小2块板片的空间位置关系。

① 重置2D安排位置。第1步，按A键切换到"调整板片"工具，在2D板片窗口框选所有板片；第2步，将鼠标移到3D服装窗口对准任意1块服装板片后，单击右键打开右键菜单，然后左键单击"重置2D安排位置（选择的）"，在2D板片窗口模特剪影上安排好的板片位置，同时在3D服装窗口也对应好模特位置，如图4-8所示。

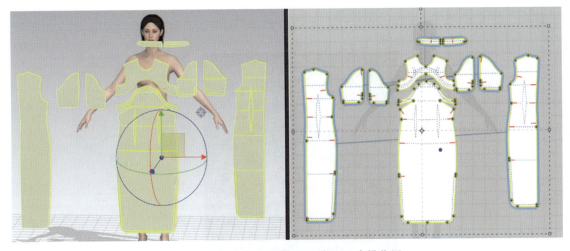

图4-8 板片在3D服装窗口重置2D安排位置

② 板片点安排。按Shift+F键打开"点安排"，然后在2D板片窗口框选所有板片，在3D窗口按住鼠标右键，将窗口旋转到模特侧面角度，再用坐标定位球将所有板片移到离人体稍微远一点的位置，方便板片进行点安排，如图4-9所示。

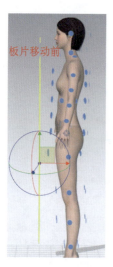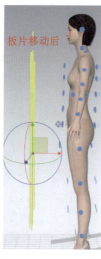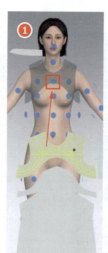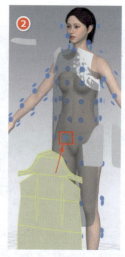

图4-9　调整板片与模特的距离　　　　　　　　　　图4-10　前裙片点安排

a. 前裙片点安排。单击左键选中前裙片较小的板片，对准模特前中线胸口的蓝色点单击左键，完成点安排；再单击左键选中前裙片另外一块较大的板片，对准模特前中线下腹部中间的蓝色点，单击左键完成点安排；移动大小2块板片的位置，小板片离人体近一点，大板片离人体远一点，最后如图4-10中红色数字3箭头所示效果。

（注：2块或多块板片之间有层叠缝纫关系的，可以在点安排时，将板片的层次关系安排好，为后面顺利缝纫做好准备。）

将较大的板片选中，拖动属性编辑器右侧的滚动条往下拉，拖动"间距"右边的参数滑块，调大数值，将卷起的板片展开，如图4-11所示。

图4-11　板片展开

（注：将板片展开的作用是在后面缝纫完后，让缝纫线不会穿透模特，模拟着装效果平顺。）

b. 后裙片点安排。单击左键选中一块后裙片，对应腰部一侧的蓝色点进行点安排，用定位球将板片移动到与模特背部对应的合适位置，如图4-12所示。

c. 袖片点安排。单击左键选中袖片，对应手臂上臂的蓝色点进行点安排，用定位球将板片移动到与模特手臂上臂对应的合适位置，如图4-13所示。

d. 领片点安排。单击左键选中领片，对应脖子侧面的蓝色点进行点安排，用定位球将板片移动到与模特脖子对应的合适位置，如图4-14所示。

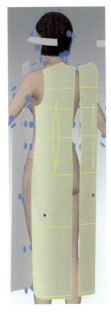 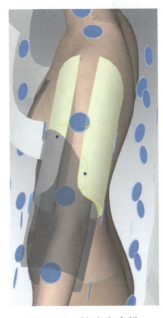 

图4-12　后裙片点安排　　　图4-13　袖片点安排　　　图4-14　领片点安排

e. 再次按Shift+F键关闭点安排，完成所有板片的点安排。

（注：为保证板片缝纫后模拟着装效果平顺，在进行板片点安排后，要多角度旋转模特，调整板片与模特的位置，确保板片与模特之间要预留一定的空间距离，板片不要嵌入模特部分。）

4.1.2.2　衣袖缝合

缝纫类工具具体操作方法参考项目2任务2.1。

（1）前袖片与前裙片袖窿缝合

按M键，运用"自由缝纫"工具，将模特右手一侧的前袖片与前裙片袖窿缝合；用相同的方法，将另一侧前袖片与前裙片袖窿缝合，缝纫顺序按照图4-15中数字①②③④，缝纫方向按红色箭头方向所示。

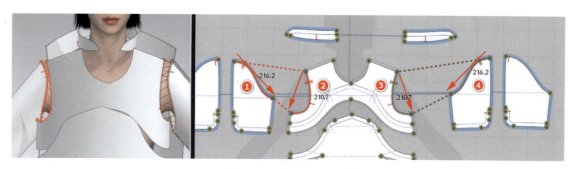

图4-15　前袖片与前裙片袖窿缝合

（2）后袖片与后裙片袖窿缝合

按M键，运用"自由缝纫"工具 ，将模特右手一侧的后袖片与后裙片袖窿缝合，缝纫顺序按照图4-16中数字①②，缝纫方向按红色箭头方向所示。

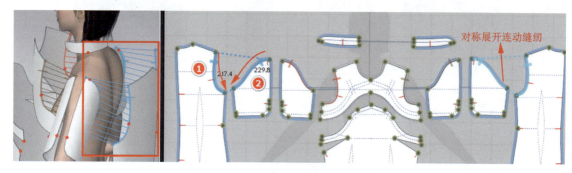

图4-16　后袖片与后裙片袖窿缝合

（注：在缝纫一侧后袖片与后裙片的同时，另一侧通过用"对称板片（板片和缝纫线）"命令复制出来的后袖片与后裙片也同时缝纫好，如图4-16中红色文字标示处。）

（3）袖中线和腋下侧缝线缝合

用"自由缝纫"工具或"线缝纫"工具将袖中线和腋下侧缝线缝合。

4.1.2.3　左右衣领缝合

运用"M:N自由缝纫"工具 ，将模特右手一侧的衣领与前、后裙片缝合，如图4-17中数字①②③，缝纫方向按红色箭头方向所示，再用"自由缝纫"工具或"线缝纫"工具将左侧衣领没有缝合的部分缝合。

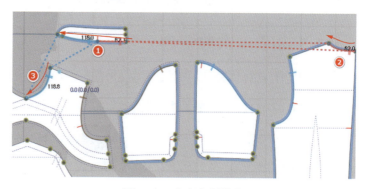

图4-17　左右衣领缝合

4.1.2.4 前后裙片侧缝缝合

（1）前后裙片肩缝合

按N键，运用"线缝纫"工具 ![icon]，将前后裙片的肩进行缝合。

（2）前后裙片侧缝缝合

运用"M:N自由缝纫"工具 ![icon]，将模特右手一侧的前裙片与后裙片侧缝缝合，如图4-18浅绿色缝纫线是侧缝缝纫部分，红色框里的板片需要与箭头所指部分重叠缝纫，所以这部分板片不需要缝纫。

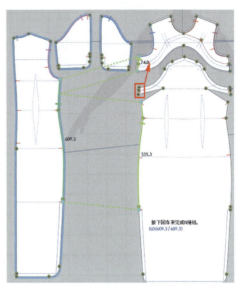

图4-18 前后裙片侧缝缝合

4.1.2.5 前裙片大板片与小板片缝合

① 在2D工具栏左键单击 ![icon]，或按I键，切换到"勾勒轮廓"工具，然后按住Shift键，同时左键逐段单击小板片胸前的弧形蚂蚁线加选（注：在加选过程中，注意放大板片，便于点选较短的线段），完成线条的选择，选择的线条呈黄色显示，如图4-19中红色数字①所示。最后按Enter键，将弧形蚂蚁线勾勒成内部线，内部线为暗红色显示，如图4-19中数字红色②所示。

② 用"自由缝纫"工具将图4-19中数字③所示位置缝合。

③ 用"自由缝纫"工具将图4-19中数字④所示位置缝合，在属性编辑器将缝纫类型改为"叠缝"。

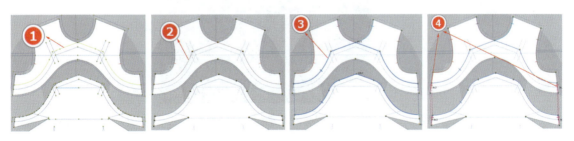

图4-19 前裙片大板片与小板片缝合

4.1.2.6 省道缝合

（1）前后腰省制作

第1步，先运用勾勒轮廓（按I键）工具，按住Shift键将前裙片、后裙片的省道蚂蚁线勾勒成内部线；第2步，按A键切换到调整板片，按住Shift键加选所有省道线，单击右键打开右键菜单，选择"切断"命令，将切断的省道多余板片删除，如图4-20所示。

（2）胸省、腰省缝合

运用"自由缝纫"工具或"线缝纫"工具将胸省、腰省、后背省道缝合，最后缝合后裙片的中缝线，完成裙子的全部缝合。

（3）模拟着装

在3D窗口旋转模特，多角度观察板片、缝纫线是否穿透模特，是否缝纫错误，检查无误按空格键进行模拟着装，如图4-21所示。

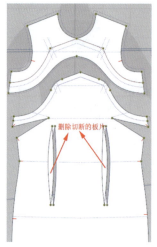

图4-20 切断省道　　图4-21 旗袍缝合效果

4.1.2.7 试穿效果整理（新工具"硬化""层"）

（1）设定前裙片大板片与小板片层关系

针对胸前小板片缝合部分外翻的情况，如图4-22所示，可以调整大板片与小板片"层"的数字，让模拟服装着装平顺。

操作方法如下。单击左键选择较大的板片，将右侧属性编辑器滚动条往下拖拉，在模拟属性位置，修改"层"的数字为3，如图4-23所示，再按空格键模拟着装，小板片外翻的部分收到大板片里面，如图4-24所示。

 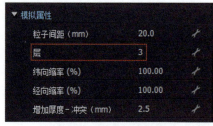 

图4-22 缝合部分外翻　　图4-23 层的数值调整　　图4-24 外翻板片平顺

（注：层的数字越大，板片离模特距离越远；数字越小，板片离模特距离越近。设定层次后，板片会显示为荧光绿。按照需要的顺序将服装穿好后，将所有板片的"层"数字恢复为0，服装穿好后，层数字变为0也不会影响其状态。）

（2）衣领硬化

第1步，针对塌陷的衣领，可以按A键切换到调整板片；第2步，左键单击选中衣领板片；第3步，单击右键打开右键菜单，左键单击选择"硬化"，将塌陷的衣领硬化；第4步，再次打开板片右键菜单，选择"形态固化"，保持衣领的硬化外形；第5步，解除硬化，如果领子硬化后还塌陷，是因为脖子的头发与领子冲突导致，更换一款短一点的发型即可。

4.1.2.8 旗袍面料、图案

（1）添加纹理贴图

第1步，左键单击物体窗口下的织物，如图4-25所示，打开织物属性编辑器；第2步，拖动织物属性编辑器右侧的滚动条，在"材质"下的"类型"选择"织物-哑光"，点击"纹理"右侧的四方块图标，打开"文件"对话框，选择准备好的JPG格式图案图片贴到旗袍板片上，模拟旗袍图案效果。

图4-25 选择织物

（2）添加法线贴图

点击法线图右侧的四方块图标，打开"文件"对话框，选择准备好的法线图片贴到旗袍板片上，模拟旗袍凹凸的纹理质感。

（3）添加物理属性

将右侧的滚动条拖到最低端，打开在"物理属性预设"旁的三角形，选择一种合适的面料类型，模拟面料的软硬属性，最后效果如图4-26所示。

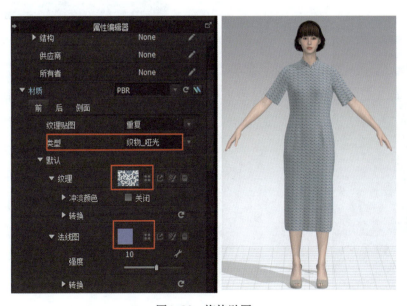

旗袍面料设置

图4-26 旗袍贴图

4.1.2.9 旗袍绲边效果（新工具"贴边""附件"）

（1）增加贴边

左键单击3D工具栏"贴边"图标 ■■，从旗袍开衩点单击左键开始，松开左键移动鼠标到另一边的开衩点，双击左键结束，如图4-27蓝色线所示。

（2）设置贴边织物效果

第1步，在物体窗口下，左键单击"增加"，新增一种织物，左键双击文字框，输入贴边名称，如图4-28所示；第2步，在织物属性编辑器"材质"下的"类型"选择"织物丝绸/色丁"，"颜色"调整为"蓝色"或合适的色彩，完成贴边织物调整。

（3）调整贴边宽度和贴图

左键单击3D工具栏"选择贴边"图标 ■■，关闭"模拟"，然后在2D窗口单击左键选中缝好的贴边，打开贴边属性编辑器，"类型"选择"全部"，在"宽度"右侧可修改数字得到合适的贴边宽度，"织物"可选择上一步调好的"贴边"，"延伸"开始和结束右侧处于"关闭"，如图4-29所示。按照前面的操作方法，为后片、袖口、胸襟增

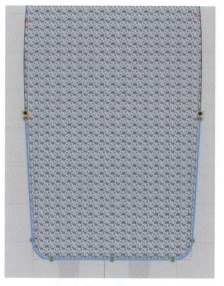

图4-27 蓝色线为贴边

图4-28 新增贴边织物

加贴边效果，如图4-30所示。

（注：缝纫贴边，选择贴边前要先关闭模拟；缝纫完一段贴边或者在贴边属性编辑器修改参数后，要看到计算机显示器出现如图4-31所示蓝色进度显示条达到100%才算完成。操作过程中不要急于下一步操作。缝纫贴边时，如果没法缝纫，可切换到3D窗口旋转模特角度，再进行缝纫。）

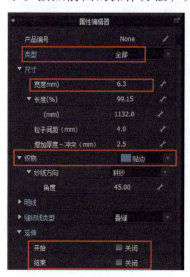

图4-29 调整贴边

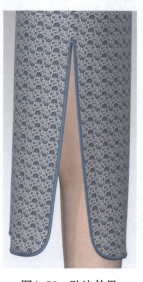

图4-30 贴边效果

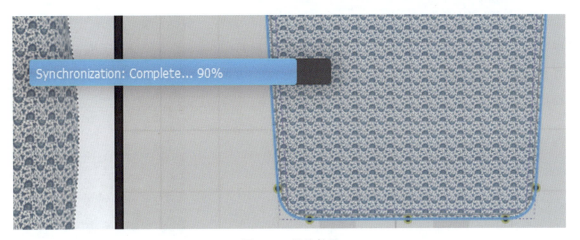

图4-31 贴边效果

4.1.2.10 旗袍盘扣

在右上角的物体窗口，左键单击"附件"按钮 ，打开"附件"面板，左键单击"增加"，在"增加附件"对话框，找到"盘扣"附件，左键单击"打开"，如图4-32中红色数字顺序所示。

在物体窗口，选中"盘扣"，按住左键不松手，拖动盘扣到3D服装窗口旗袍领口位置，松开左键增加盘扣到旗袍，如图4-33所示。

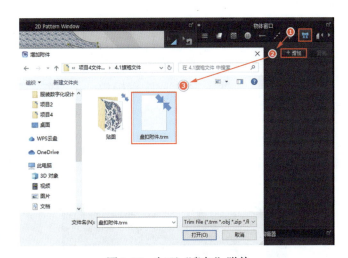

图4-32 打开"盘扣"附件

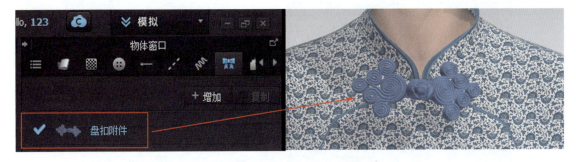

图4-33 增加"盘扣"附件

在物体窗口左键单击选中"盘扣"，打开盘扣属性编辑器，修改"规格比例"数值，可改变盘扣大小，修改"重量"数值，可改变盘扣重量，如图4-34所示。

在3D服装窗口选中盘扣，右上角显示"附件缩放"按钮  和"图钉"按钮，通过这两个工具可以缩放盘扣大小。将盘扣贴附在旗袍，结合坐标球，可调整盘扣位置。

用同样的方法，完成所有盘扣的设置，最后效果如图4-35所示。

4.1.2.11 旗袍最后整理

在2D板片窗口框选所有板片，在板片属性编辑器面板下的"模拟属性"，将"粒子间距"数值调到8，如图4-36所示，让旗袍模拟效果更真实、自然，如图4-37所示。

（注：粒子间距数值越小，板片边缘转折越圆顺，计算机模拟速度越慢；粒子间距数值越大，板片边缘转折越尖锐，计算机模拟速度越快。在衣服完成全部缝纫和细节调整后，最后可将粒子间距数值在5～10之间调整。）

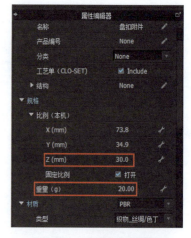

图4-34　盘扣属性编辑器

图4-35　盘扣效果

图4-36　调小粒子间距数值

图4-37　旗袍完成效果

任务4.2　褶裥效果——马面裙制作

4.2.1　马面裙制作新工具

4.2.1.1　"勾勒轮廓"工具

使用该工具，可以将板片内部的蓝色基础虚线勾勒为暗红色的内部线。

操作方法如下。先按I键或者左键单击"勾勒轮廓"图标 切换到该工具，再左键选中蓝色基础虚线，最后按Enter键，将基础虚线勾勒为暗红色的内部线，如图4-38所示。

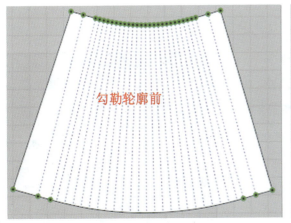 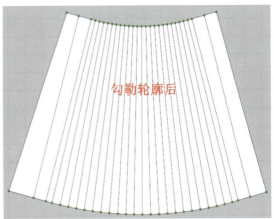

图4-38　勾勒轮廓前后对比

4.2.1.2　"固定针"工具

使用该工具，在模拟状态时，可以让服装板片固定在一定的位置。

（1）增加固定针

在3D工具栏，左键单击长按"选择网格（笔刷）"图标 ，选择"固定针（箱体）" ，然后在2D窗口将腰头板片放大，对准板片边线的任意一个蓝色点，双击左键打上固定针，或者按住左键框选也可以打上固定针。打上固定针的位置呈红色点显示，如图4-39所示。

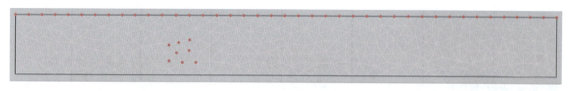

图4-39 固定针

（2）删除固定针

在3D窗口左键单击"固定针"按钮，按Delete键或者单击右键打开右键菜单选择"删除固定针"就可删掉固定针。

（3）隐藏、显示固定针

在3D窗口工具栏，左键单击"显示针"按钮，可显示或隐藏固定针，如图4-40所示。

图4-40 隐藏、显示固定针

4.2.1.3 "翻褶褶裥"工具

使用该工具，可以快速翻褶需要大量制作褶裥的板片。褶裥类型有顺褶、工字褶、风琴褶3种。每个褶裥的"内部线"数量一般为3，"折叠角度"数值为0°时，褶裥往外侧翻折，褶裥线为亮红色；"折叠角度"数值为360°时，褶裥往内侧翻折，褶裥线为蓝色；"折叠角度"数值为180°时，褶裥为平面，褶裥线为暗红色，如图4-41所示。

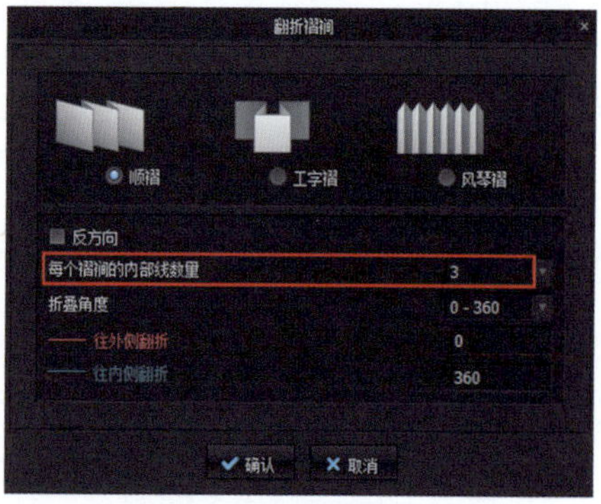

操作方法如下。在2D工具栏，左键单击长按"褶裥"图标▦，选择"翻褶褶裥"工具▦，再按住左键，拖动鼠标从开始翻褶的内部线到结束的内部线位置，双击左键完成翻褶。

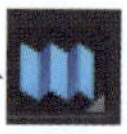

图4-41 "翻褶褶裥"对话框

4.2.2 马面裙制作

图4-42所示是马面裙板片结构，分别为腰头、左裙片、右裙片。本案例将学习运用"勾勒轮廓"工具制作褶裥翻折线；运用"翻褶褶裥"工具、"缝制褶裥"工具快速制作褶裥；运用"固定针"工具固定腰头位置，防止裙子下坠。

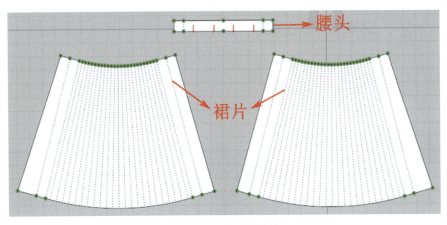

图4-42 马面裙板片

4.2.2.1 马面裙板片整理安排

（1）模特导入

在图库窗口双击左键，打开"虚拟模特"文件夹，双击左键打开"女模V2"文件夹，选择一款东方女模特，双击左键导入3D操作窗口。

（2）板片导入

在"文件"菜单下导入马面裙DXF板片（具体导入方法与旗袍板片导入方法一样），在2D窗口将板片围绕模特剪影摆放好。

（3）3D服装窗口板片安排

① 重置2D安排位置。按A键切换到"调整板片"工具，在2D板片窗口框选所有板片，将鼠标移到3D服装窗口对准任意1块服装板片后，单击右键打开右键菜单，然后左键单击"重置2D安排位置（选择的）"，将所有在2D板片窗口模特剪影上安排好的板片位置，同时在3D服装窗口也对应好模特位置。

② 板片点安排。按Shift+F键打开点安排，将马面裙腰头板片对应模特前中线腰部的点进行安排，再将2片裙片分别对应模特侧面腰部的点进行安排。在属性编辑器面板，将"间距"数值调到最大，展开裙片，如图4-43所示。

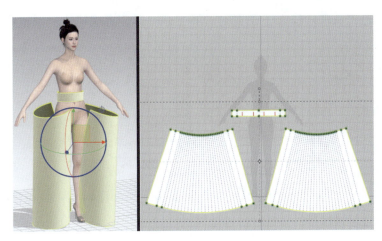

图4-43 马面裙板片整理安排

4.2.2.2　马面裙腰头缝合前处理

① 按I键切换到"勾勒轮廓"工具，运用"勾勒轮廓"工具，将图4-44中红色框内虚线转换成内部线。

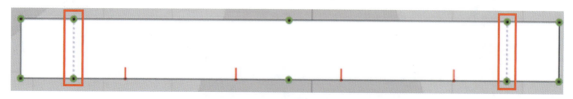

图4-44　运用"勾勒轮廓"工具勾勒内部线

② 按G键切换到"内部多边形"工具，运用"内部多边形/线"工具，在图4-45中红色框内刀口处创建内部线。

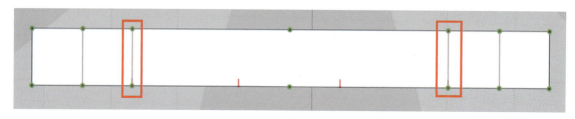

图4-45　运用内部多边形工具创建内部线

③ 框选2块裙片，鼠标对准裙片，单击右键打开右键菜单，左键单击"冷冻"命令，将裙片冷冻，防止后面开启模拟时裙片掉落。

4.2.2.3　马面裙腰头缝合

① 在3D窗口将模特转到背面，按M键，用"自由缝纫"工具将腰头下端如图4-46红色箭头所示缝合，在右侧的属性编辑器，将缝纫线类型改成"叠缝"。

图4-46　缝合腰头下端

② 用"自由缝纫"工具将腰头上端如图4-47中红色箭头所示缝合，将缝纫线类型改成"叠缝"。

③ 用"自由缝纫"工具或"线缝纫"工具将腰头一端如图4-48中红色框所示缝合。

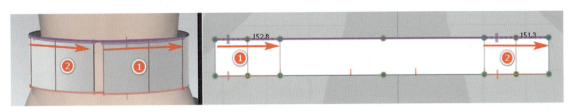

图4-47 缝合腰头上端

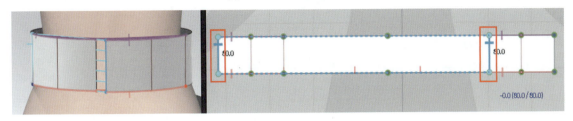

图4-48 缝合腰头一端

④ 用"自由缝纫"工具或"线缝纫"工具将腰头另一端如图4-49中红色框所示缝合。

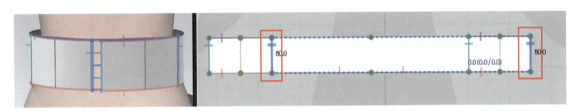

图4-49 缝合腰头另一端

⑤ 选中腰头板片，单击右键打开右键菜单，左键单击"硬化"命令，按空格键进行模拟，效果如图4-50所示。

⑥ 选中腰头板片，在右侧的属性编辑器下的"模拟属性"，将"粒子间距"数值调到5。

⑦ 固定针。在3D工具栏，左键单击长按"选择网格（笔刷）"图标，选择"固定针（箱体）"，然后在2D窗口将腰头板片放大，对准腰头上端边线的任意一个蓝色点，双击左键打上固定针如图4-51所示，防止后期裙片缝合后下坠。按空格键再次模拟，最后将腰头板片冷冻。

图4-50 腰头缝合效果

马面裙腰头虚拟缝制

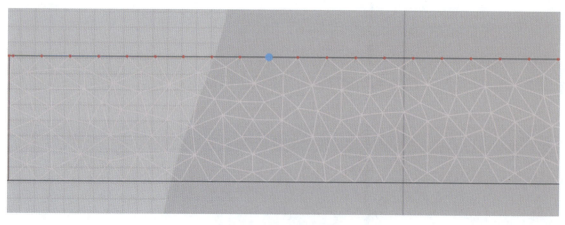

图4-51 固定针固定腰头

4.2.2.4 马面裙裙片缝合

（1）裙片内部线勾勒

先将裙片解冻，在2D板片窗口左上角，按下"锁定板片外线"按钮，如图4-52中红色框所示，将裙片外轮廓线锁定。按I键，打开"勾勒轮廓"工具，再按住左键框选裙片内部所有的蓝色虚线，如图4-53所示，按下回车键，所有蓝色线转换成暗红色内部线，最后再次单击"锁定板片外线"按钮，关闭锁定板片外线。

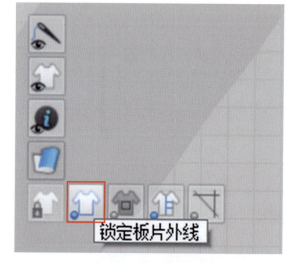

图4-52 锁定板片外线

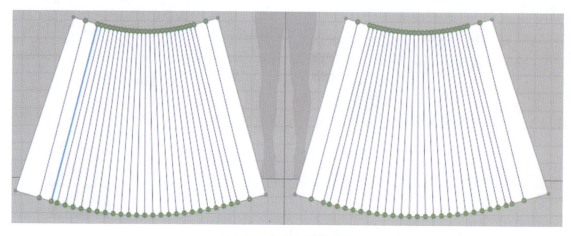

图4-53 裙片内部线勾勒

（2）裙片褶裥翻褶

在2D工具栏，左键单击长按"褶裥"工具 ▓，选择"翻褶褶裥"工具 ▓，再单击左键，拖动鼠标从开始翻褶的内部线到结束的内部线位置，双击左键完成翻褶，翻褶位置如图4-54中红色框所示。

在"翻褶褶裥"对话框，每个褶裥的"内部线"数量选择3，其他数值不变，单击"确认"完成翻褶。完成翻褶效果的内部线为暗红、鲜红、蓝色为一个褶，依次排列，如图4-55所示。这一步操作容易出错，要注意检查内部线的颜色是否按照这个规律排列。如果内部线颜色排列出错，将导致模拟后的褶裥出错。

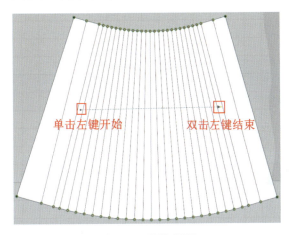

图4-54　褶裥翻褶　　　　　　　　　图4-55　褶裥翻褶后

重复同样的操作，完成另外一边裙片翻褶，注意翻褶的方向。

（3）裙片褶裥缝纫

在2D工具栏，左键单击长按"褶裥"工具 ▓，选择"缝制褶裥"工具 ▓，"缝制褶裥"工具的缝纫方法与"自由缝纫"工具方法相同，如图4-56红色箭头所示位置和方

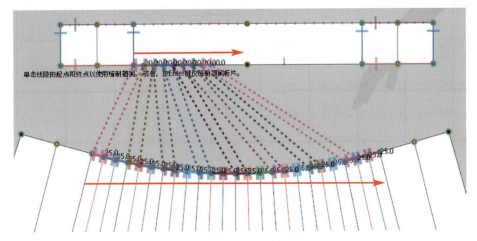

图4-56　褶裥缝纫

向，先从腰头从左往右缝纫，接着在裙片上端从左往右缝纫。将裙片硬化，模拟效果如图4-57所示。用同样的方法完成另外一边裙片褶裥缝纫。

（4）裙片其他部分缝纫

用"自由缝纫"工具，完成裙片前面和背面与腰头的缝合，如图4-58中红色箭头所示位置和方向。

图4-57 褶裥模拟效果

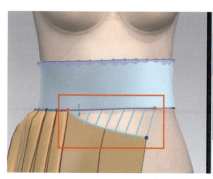
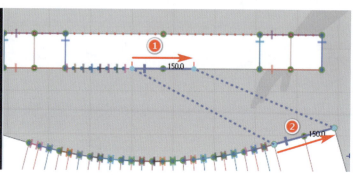

图4-58 裙片其他部分缝纫

重复同样的操作，完成另外一边裙片缝纫，如发现缝完后褶皱不顺，则删掉缝纫线，调换方向再缝一次。最后缝纫效果如图4-59所示。

（注：如果褶裥缝纫完成后，有个别的褶不平顺，在"模拟"状态下，用抓手工具拖拽褶皱，将其整理平顺。如果拖拽之后还不能平顺，需重新进行翻褶褶裥，再缝制褶裥。）

4.2.2.5 马面裙褶裥整理

在褶裥平顺后，按住Shift键，左键逐一点选裙片所有内部线，单击右键打开右键菜单，选择"内部线间距"，在对话框"扩张数量"输入1，"间距"输入2，勾选"两侧"。注意在每条内部线两边增加一条内部线，让褶裥效果更流畅，如图4-60所示。

图4-59 缝纫褶裥完成效果　　图4-60 褶裥流畅效果

4.2.2.6 马面裙面料图案

先将所有板片解冻，解除硬化，然后在物体窗口下选择裙子织物面料，打开属性编辑器，在"材质类型"下选择"织物/丝绸色丁"，打开"纹理"旁边的方块按钮，在"贴图"文件夹选择"纹理贴图"；打开"法线图"旁边的方块按钮，在"贴图"文件夹选择"法线贴图"，根据需要调大法线数值；打开"置换图"旁边的方块按钮，在"贴图"文件夹选择"置换贴图"；打开"反射"下面的"表面粗糙度"选择"贴图"类型，在"贴图"文件夹选择"反射贴图"，在"颜色"打开颜色面板，选取喜欢的色彩，完成面料图案色彩设置，如图4-61所示。

马面裙裙片褶裥虚拟缝制

4.2.2.7 马面裙细节整理

左键单击2D窗口右边的裙片，然后在板片属性编辑器下"织物的纱线方向"处，输入220；再左键单击2D窗口左边的裙片，然后在板片属性编辑器下"织物的纱线方向"处，输入60，可将左右裙片的下摆对平整。

将所有板片"粒子间距"数值调到5，优化裙子着装效果，如图4-62所示。

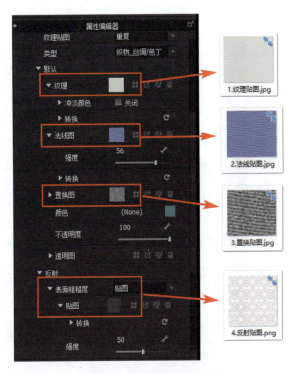

图4-61 裙面料图案设置

图4-62 马面裙效果图

马面裙面料设置

任务4.3　翻折、粘衬效果——衬衣制作

4.3.1　衬衣制作新工具

4.3.1.1　"折叠安排"工具

使用该工具，可以将衣领板片做翻折效果。

操作方法如下。在3D窗口工具栏，左键单击"折叠安排"工具切换到该工具，在3D窗口左键选中红色的内部线，出现折叠安排箭头，根据需要选择红色或绿色的箭头折叠板片，如图4-63所示。

图4-63　折叠安排前后对比

4.3.1.2　"纽扣"工具

使用该工具，可以为虚拟服装添加、删除纽扣和扣眼。

（1）纽扣、扣眼添加方法

① 在3D窗口工具栏，左键单击"纽扣"工具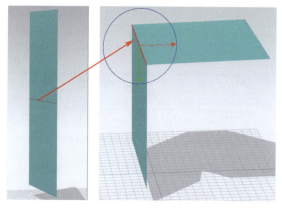切换到该工具，在要添加纽扣的位置，单击左键，可添加纽扣或扣眼。

② 左键单击"纽扣"工具，选中要创建扣子位置的板片外线，单击右键打开"沿板片外线创建纽扣/扣眼"对话框，调整对话框里的类型、开始位置、反复参数，可以快速添加多个纽扣或扣眼，并调整其位置，如图4-64所示。

图4-64　"沿板片外线创建纽扣/扣眼"对话框

（2）纽扣、扣眼删除方法

在3D窗口工具栏，左键单击"选择/移动纽扣"工具 切换到该工具，左键单击选中纽扣，按Delete键可删除纽扣或扣眼。

（3）系纽扣方法

在3D窗口工具栏，左键单击"系纽扣"工具 切换到该工具，左键单击一颗纽扣，松开左键，移动鼠标到要系的扣眼，再次左键单击扣眼，完成系纽扣。

4.3.2 衬衫制作

图4-65所示是衬衫板片结构，分别为翻领面、领座、后片、袖身、袖口、前片。本案例将学习运用"折叠安排"工具制作衬衫翻领；运用"纽扣"工具添加纽扣效果。

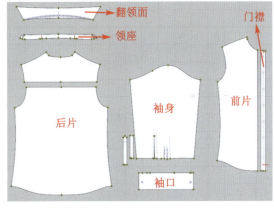

图4-65 衬衫板片

4.3.2.1 板片整理安排

（1）模特导入

在图库窗口双击左键，打开"虚拟模特"文件夹，双击左键打开"男模V2"文件夹，选中一个东方男模特，双击左键导入3D操作窗口。

（2）板片导入

在"文件"菜单下导入"衬衫DXF"板片（具体导入方法与旗袍板片导入方法相同），在2D板片窗口将板片围绕模特剪影摆放好，如图4-66所示。

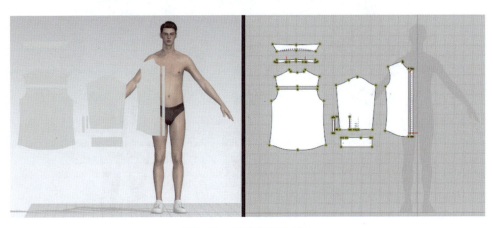

图4-66 模特和板片导入

（3）补齐另外一边袖子和前片板片

按A键切换到"调整板片"工具，按住左键拖动鼠标框选袖片及前片，然后单击右键打开右键菜单，再左键单击"对称板片（板片和缝纫线）"命令，然后拖动鼠标，复制出另外一边袖子和前片板片，如图4-67中黄色板片所示。

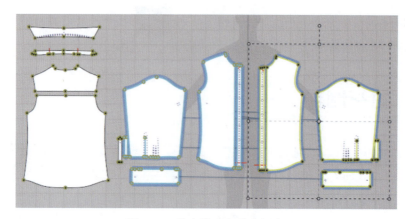

图4-67 补齐袖片和前片板片

（4）3D服装窗口板片安排

按Shift+F键打开点安排。

① 衬衫前片点安排。第1步，单击左键选中衬衫前片的一块板片，对准模特前面左边的蓝色点，单击左键完成点安排，使用坐标球将板片移到离开模特有一定的空间位置；第2步，左键选中衬衫一片门襟，对准模特胸前中线的蓝色点进行点安排，通过坐标球将门襟板片调整到合适位置。用同样的操作，完成另一片门襟板片点安排，最后效果如图4-68所示。

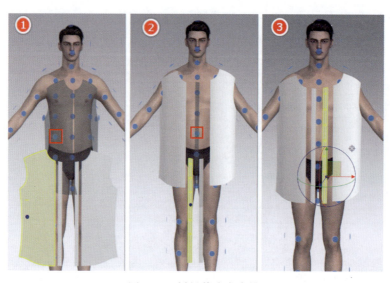

图4-68 衬衫前片点安排

② 衬衫后片点安排。单击左键先选中衬衫较小的后片，对应背部中线靠上的蓝色点进行点安排；再单击左键选中衬衫较大的后片，对应背部中线中间的蓝色点进行点安排，用定位球将板片移动到与模特背部对应的合适位置，如图4-69所示。

③ 领片点安排。依次单击左键选中领座、领面板片，对应脖子后面的蓝色点进行点安排，使用定位球将板片移动到与模特脖子对应的合适位置，如图4-69所示。

④ 衬衫袖片点安排。单击左键选中袖片，对应手背一侧的蓝色点进行点安排，用定位球将板片移动到与模特手臂对应的合适位置；单击左键选中袖口，对应手腕背面的点安排，并调大板片间距数值，展开袖口板片，如图4-70所示。

再次按Shift+F键关闭点安排，完成所有板片的点安排。

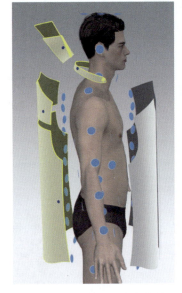
图4-69 后片、领片点安排

图4-70 袖片点安排

4.3.2.2 衣袖缝合

缝纫类工具具体操作方法参考任务2.1缝纫类工具。

（1）袖片与前片袖窿缝合

按M键，运用"自由缝纫"工具将袖片与前片袖窿缝合，缝纫顺序按照图4-71中红色数字所示，缝纫方向按红色箭头方向所示。

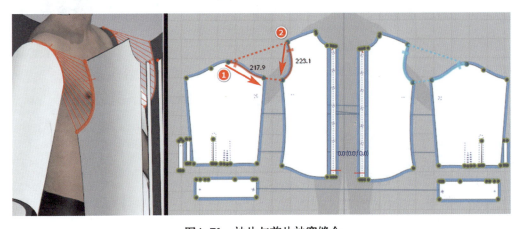
图4-71 袖片与前片袖窿缝合

（2）袖片与后片袖窿缝合

按M键，运用"自由缝纫"工具，将袖片与后片袖窿缝合，缝纫顺序按照图4-72中红色数字所示，缝纫方向按红色箭头方向所示。进行同样的操作，完成另一边袖片与后片袖窿的缝合。

（3）袖片腋下侧缝线缝合

用"自由缝纫"或"线缝纫"工具将袖片和腋下侧缝线缝合。

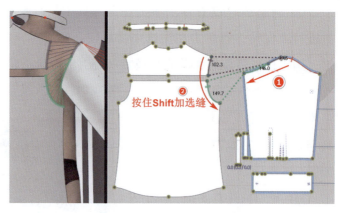

图4-72　袖片与后片袖窿缝合

4.3.2.3　前片与后片缝合

缝合效果如图4-73所示。

（1）前片门襟缝合

运用"自由缝纫"工具或"线缝纫"工具将前片门襟缝合。

（2）前片与后片侧缝缝合

运用"自由缝纫"工具或"线缝纫"工具将前片与后片侧缝缝合。

（3）后片缝合

运用"自由缝纫"工具或"线缝纫"工具将后片大的板片与小的板片缝合。

（4）前肩与后肩缝合

运用"自由缝纫"工具或"线缝纫"工具将前片肩线与后片肩线缝合。

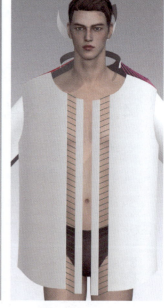

图4-73　前片与后片缝合

4.3.2.4　衣领缝合

（1）领座与后片缝合

按M键，运用"自由缝纫"工具将领座与后片缝合，缝合顺序和方向如图4-74中红色数字和箭头所示。

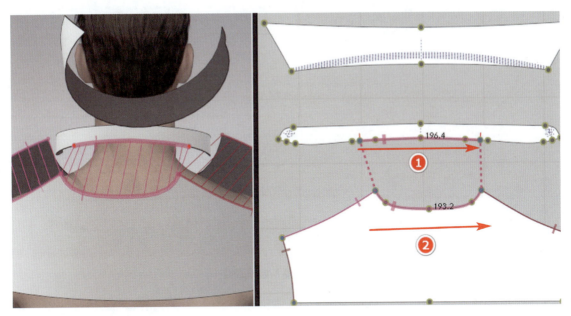

图4-74 领座与后片缝合

（2）领座与前片缝合

在2D板片窗口，先将领座与领面移到前片上端位置，运用"自由缝纫"工具将领座与前片缝合，缝合顺序和方向如图4-75中红色数字和箭头所示。进行同样的操作，完成另一边领座与前片的缝合。

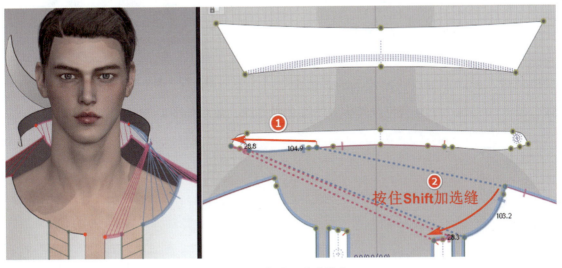

图4-75 领座与前片缝合

（3）领座与翻领缝合

运用"自由缝纫"工具将领座与翻领缝合，缝合顺序和方向如图4-76中红色数字和箭头所示。

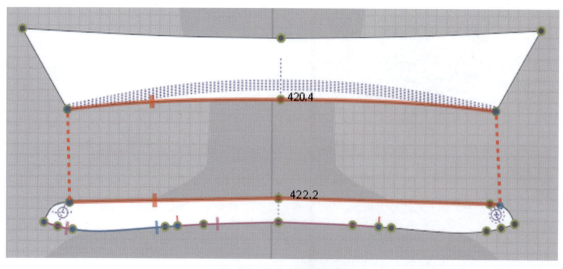

图4-76 领座与翻领缝合

将还未缝合的板片冷冻,缝合的板片硬化,按空格键模拟,检查缝合效果,如图4-77所示。

衬衫衣身虚拟缝制

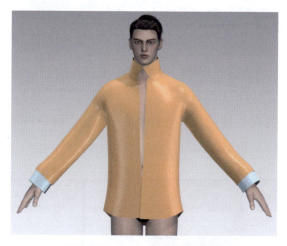

图4-77 衣身与衣领缝合效果

4.3.2.5 袖口与袖片缝合

（1）勾勒袖开衩、褶裥内部线

按I键,打开"勾勒轮廓"工具,按住Shift键,同时左键点选袖片上的蓝色虚线,按下Enter键,所有蓝色线转换成暗红色内部线,效果如图4-78所示。

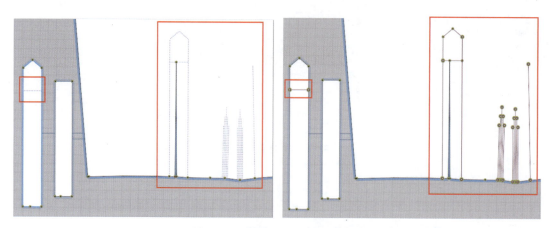

图4-78 勾勒袖开衩、褶裥内部线

（2）袖开衩宝剑头缝合

先运用"M:N自由缝纫"工具将图4-79中数字1标示的袖片宝剑头部分缝合；再运用"自由缝纫"工具将图4-79中数字2、3、4、5、6标示部分缝合。

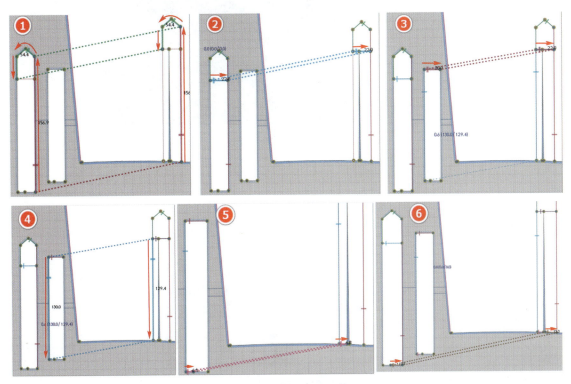

图4-79　袖开衩宝剑头缝合

先单击左键选中袖开衩宝剑头板片，再单击右键选择"添加到外面"，按空格键模拟，观察缝合效果，如图4-80所示。

（3）袖身褶裥缝合

① 褶裥线折叠角度设置。在袖身板片单击左键选中图4-81中红色箭头所示左边较长的内部线，将板片属性编辑器下的"折叠角度"数值设为255°；用同样的操作，将图4-81中红色箭头所示另外2条内部线的"折叠角度"数值分别设为45°、180°，按空格键模拟，可观察到褶裥的折叠效果。

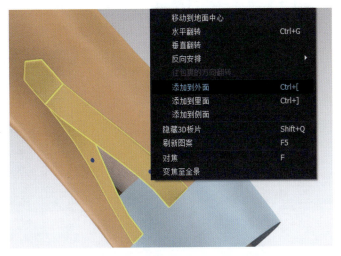

图4-80　袖开衩宝剑头缝合模拟效果

113

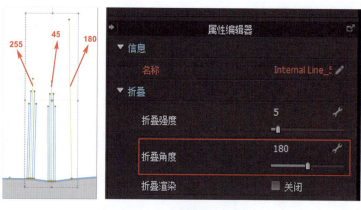

图4-81　袖身褶裥角度处理

②褶裥缝合。运用"自由缝纫"工具将袖身褶裥缝合，缝纫类型改为"叠缝"，缝合顺序和方向如图4-82所示。

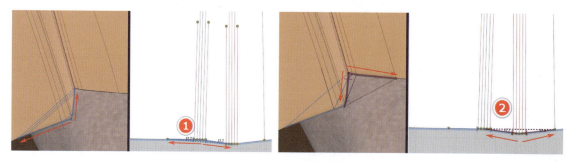

图4-82　袖身褶裥缝合

（4）袖身与袖口缝合

先选中2块袖口板片，单击右键，在右键菜单选择"解冻"，将板片解冻，再用"M:N自由缝纫"工具将袖身与袖口缝合，缝合顺序与方向如图4-83中红色数字和箭头所示。

衬衫袖口与袖片虚拟缝制

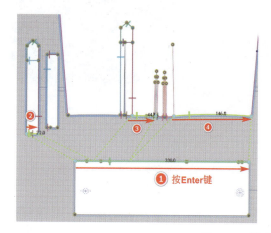
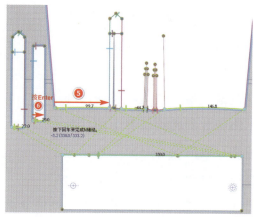

图4-83　袖身与袖口缝合

4.3.2.6 衬衫纽扣添加

(1) 纽扣和扣眼添加

在3D窗口工具栏，左键单击"纽扣"工具 ，在门襟上标示扣子和扣眼的位置，逐一单击左键添加纽扣和扣眼，注意衬衫的扣眼为垂直摆放。

在物体窗口选中扣子，可打开扣子属性编辑器面板，如图4-84所示。

打开"图形"下面的"纽扣"工具，可选择不同形状的扣子；在"规格"下面可修改扣子的宽度、厚度、重量；在"材质"下面可修改扣子的材质、颜色。根据款式的设计需要，修改相应的参数。

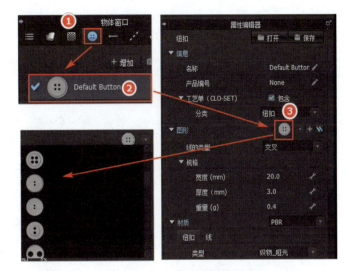

图4-84 扣子属性编辑器面板

(2) 系纽扣准备

系纽扣前，可结合"固定针"工具（运用方法见任务4.2中"固定针"工具）将2片门襟的位置调整好，如图4-85所示，再进行系纽扣。

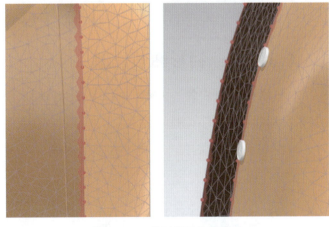

图4-85 2片门襟的位置关系

(3) 系纽扣

在3D窗口工具栏，左键单击"系纽扣"工具 切换到该工具，先左键单击门襟靠近脖子位置的1颗纽扣，松开左键，移动鼠标到要系的扣眼，再次左键单击扣眼，完成系纽扣。先系好两三颗扣子，按空格键模拟，检查扣子是否系好，如扣子系好，则可以删掉固定针，再系下面的扣子。

（注：切忌全部系完扣子再模拟，扣子容易与服装发生冲突，导致模拟效果不稳定。）

用同样的操作方法，系好袖口的扣子。

4.3.2.7 衣领翻折

按I键,打开"勾勒轮廓"工具,按住Shift键,同时左键点选翻领片上的蓝色虚线,按下Enter回车键,所有蓝色线转换成暗红色内部线。再打开"折叠安排"工具,选择翻领中间的一条内部线,移动绿色的箭头,将领面翻褶,效果如图4-86所示。

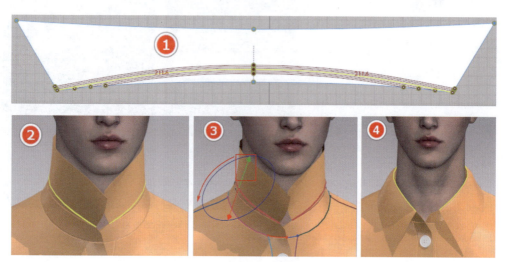

图4-86 衣领翻折

4.3.2.8 衬衫细节处理

为了增加衬衫衣领、门襟、袖口的硬挺效果,可在板片属性编辑器面板"粘衬/削薄"下勾选"粘衬",选择"有纺衬",给这些部位增加粘衬,同时打开右键菜单,选择"克隆层内侧"可复制1层板片做双层效果,增加厚度。

衬衫纽扣添加

4.3.2.9 衬衫面料设置

选择"织物面料",打开属性编辑器面板,给衬衫增加纹理贴图和法线贴图;最后将所有板片的"粒子间距"数值调到5,完成效果如图4-87所示。

图4-87 衬衫完成效果

任务4.4 充气效果——羽绒服制作

4.4.1 羽绒服制作新工具

4.4.1.1 "压力"工具

使用该工具,可以模拟一些膨胀、鼓起的效果。

操作方法如下。以制作抱枕为例,在2D窗口先选择抱枕的一块板片,将属性编辑器下的压力值调到5,产生往外拉的力;再选择抱枕的另一块板片,将压力值调到-5,产生往相反方向拉的力,达到膨胀的效果,如图4-88所示。

图4-88 压力制作抱枕

4.4.1.2 弹性工具模拟褶皱

使用该工具,可以模拟服装抽褶效果。

操作方法如下。按Z切换到"编辑板片"工具,在2D窗口选择需要抽褶的内部线,在属性编辑器下勾选"弹性",调整比例数值,该数值越小,抽褶效果越明显,如图4-89所示。

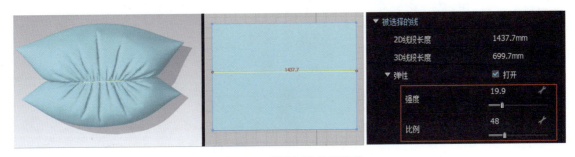

图4-89 弹性制作抽褶效果

4.4.2 羽绒服制作

图4-90所示是羽绒服板片结构，分别为后片、袖片、袖口、门襟、衣领、帽檐、帽兜、前片。本案例将学习运用"压力"工具制作羽绒服充绒效果；运用"弹性"工具添加羽绒服绗缝褶皱效果。

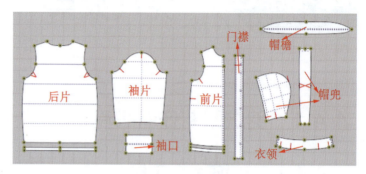

图4-90　羽绒服板片

4.4.2.1 羽绒服板片整理安排

（1）模特导入

在图库窗口双击左键，打开"虚拟模特"文件夹，双击左键打开"男模V2"文件夹，选择一款东方男模特，双击左键导入3D操作窗口。

（2）板片导入

在"文件"菜单下导入羽绒服DXF板片，在2D窗口将板片围绕模特剪影摆放好。

（3）3D服装窗口板片安排

因导入的羽绒服在3D窗口已经对应模特排好位置，可以不用重置2D安排位置，选中袖片、袖口、前片、门襟、帽兜，按Ctrl+D补齐另外一半板片。

（4）板片点安排

按Shift+F键打开点安排，将羽绒服板片对应模特的点进行安排，最后效果如图4-91所示。

图4-91　羽绒服板片点安排

4.4.2.2 羽绒服外层缝合

（1）袖子缝合

① 袖窿缝合。按M键，运用"自由缝纫"工具将袖片袖窿与前片和后片袖窿缝合；缝纫顺序按照图4-92中红色数字所示，缝纫方向按红色箭头方向所示。

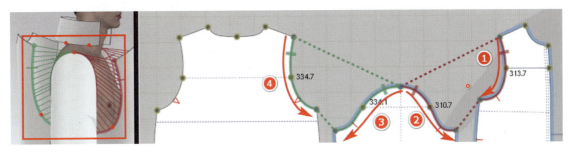

图4-92 羽绒服袖窿缝合

② 袖片与袖口缝合。按M键，运用"自由缝纫"工具先将袖片侧缝缝合；再将袖口上端与袖片下端外线缝合。

③ 袖口缝合。先按I键打开"勾勒轮廓"工具，将袖口中间的基础线勾勒成内部线；再运用"折叠安排"工具，将袖口翻褶；最后按M键，运用"自由缝纫"工具将袖口上端与下端外线缝合，左端与右端外线缝合。

（2）前片、后片缝合

按M键，运用"自由缝纫"工具将前片与后片侧缝、肩部、下摆缝合。

（3）立领缝合

按M键，运用"自由缝纫"工具将立领与前片和后片缝合，缝纫顺序按照图4-93中红色数字所示，缝纫方向按红色箭头方向所示。

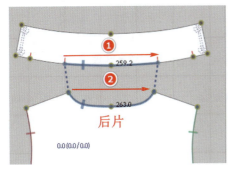
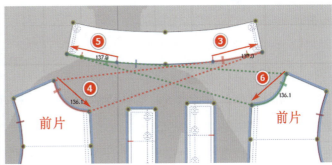

图4-93 立领缝合

（4）门襟与前片、衣领缝合

按M键，运用"自由缝纫"工具将门襟与前片、衣领缝合；缝纫顺序按照图4-94中红色数字所示，缝纫方向按红色箭头方向所示。

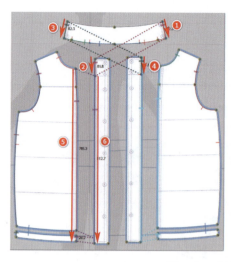

图4-94 门襟与前片、衣领缝合

4.4.2.3 羽绒服充绒

（1）勾勒内部绗缝基础线

按I键，打开"勾勒轮廓"工具，按住Shift键，左键单击前片、后片、袖片、帽兜的绗缝基础线，按Enter键勾勒成暗红色内部线，如图4-95所示。

（2）纽扣和扣眼添加

在3D窗口工具栏，左键单击"纽扣"工具 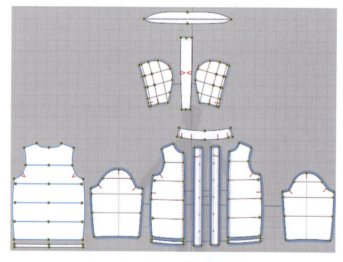，在门襟上标示扣子和扣眼的位置，逐一单击左键添加纽扣和扣眼；再左键单击"系纽扣"工具 切换到该

图4-95 勾勒内部绗缝基础线

工具，先左键单击门襟靠近脖子位置的1颗纽扣，松开左键，移动鼠标到要系的扣眼，再次左键单击"扣眼"，完成系纽扣。

在物体窗口选中扣子，打开扣子属性编辑器面板，打开"图形"下面的"纽扣"工具，选择扣子形状，调整扣子"材质"为金属，"颜色"为银灰色。

为防止后面添加弹性模拟褶皱时，羽绒服廓形拉扯变形，可在门襟两侧的边缘部位添加固定针，在"显示3D服装"工具栏单击"固定针"按钮隐藏固定针，如图4-96所示。

（3）复制羽绒服里料板片

按住Shift键，左键单击依次选中前片、后片、袖片、立领、门襟，再单击右键选择"克隆层内侧"，复制出羽绒服里料板片，如图4-97所示。

（4）羽绒服充绒

选择羽绒服所有面料的板片，在属性编辑器，将压力数值调整到12；选择羽绒服所有里料的板片，在属性编辑器下将"压力"数值调整到-12，按空格键模拟羽绒服充绒如图4-98所示。

图4-96 纽扣效果

4.4.2.4 羽绒服褶皱

先按A键，然后选择羽绒服所有外层的板片内部的衍缝线，在属性编辑器下勾选"弹性"，模拟羽绒服褶皱效果如图4-99所示。

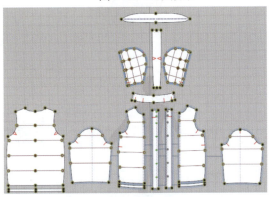

图4-97 复制羽绒服里料板片

图4-98 羽绒服充绒效果

图4-99 羽绒服褶皱效果

4.4.2.5 羽绒服帽子缝合

先将缝合的羽绒服衣身板片冷冻，防止帽子与衣身缝合后，羽绒服衣身不稳定。

(1) 帽子与立领缝合

左键长按"自由缝纫"工具 ![icon]，然后选择"M:N自由缝纫"工具 ![icon]，将帽子与立领缝合，如图4-100所示。

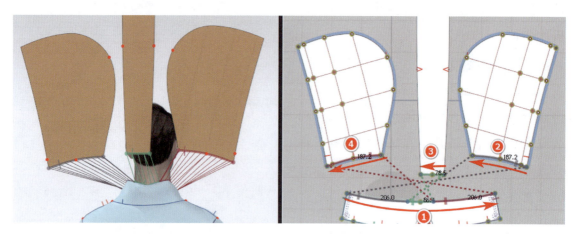

图4-100　帽子与立领缝合

(2) 帽兜缝合

按M键，运用"自由缝纫"工具 ![icon]，将帽兜缝合，如图4-101所示。

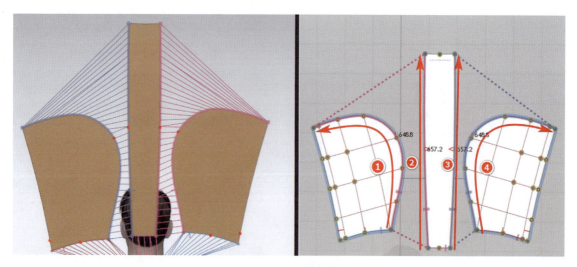

图4-101　帽兜缝合

(3) 帽兜与帽檐缝合

① 缝合帽兜与帽檐。左键长按"自由缝纫"工具 ![icon]，然后选择"M:N自由缝纫"工具 ![icon]，将帽兜与帽檐缝合，如图4-102中红色数字所示，缝纫方向按红色箭头方向所示。

项目4　常见男女装案例应用

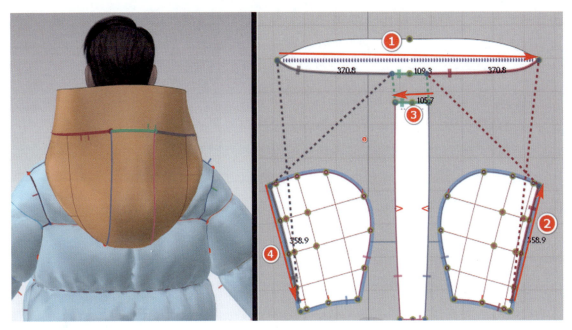

图4-102　帽兜与帽檐缝合

② 折叠帽檐。按I键打开"勾勒轮廓"工具，将帽檐中间的基础线勾勒成内部线，再运用"折叠安排"工具，将帽檐翻褶。

（4）帽子充绒

① 帽子里子充绒。选择帽兜3块板片，单击右键打开右键菜单，选择"克隆层内侧"，复制帽兜里子板片，将压力值设为-8。

② 帽子面子充绒。选择帽兜面子3块板片，将压力值设为12，同时按下Z键，切换到"编辑板片"工具下，按住Shift键，单击左键逐一选择帽兜的内部绗缝线，在属性编辑器下勾选"弹性"，保持默认数值。

4.4.2.6　羽绒服面料设置

（1）里子面料设置

选择所有的里子板片，单击右键，在右键菜单选择"应用新的织物"，在物体窗口选择新的织物面料，并修改名称为"里子面料"，在属性编辑器下的"纹理贴图"选用"涤纶里布纹理贴图"，"法线贴图"选用"涤纶里布法线贴图"。

（2）面子面料设置

选择所有的面子板片，单击右键，在右键菜单选择"应用新的织物"，在物体窗口选择新的织物面料，并修改名称为"面子面料"，在属性编辑器下的"材质类型"选择"皮革"，"纹理贴图"选用"仿真小羊皮纹理贴图"，"法线贴图"选用"仿真小羊皮法线贴图","金属贴图"选用"仿真小羊皮金属贴图"。

（3）袖口面料设置

选择所有袖口板片，单击右键，在右键菜单选择"应用新的织物"，在物体窗口选择新的织物面料，并修改名称为"袖口面料"，在属性编辑器下的"纹理贴图"选用"罗纹纹理贴图"，"法线贴图"选用"罗纹法线贴图"，并将"颜色"调为深灰色。

（4）帽檐面料设置

选择帽檐板片，将默认的织物面料修改名称为"帽檐面料"，在属性编辑器下的"材质"类型选择"毛发（仅渲染）"，毛发形态设置参数如图4-103所示。

最后将所有板片的"粒子间距"数值调到5，在"渲染"菜单打开渲染面板，完成效果图如图4-104所示。

图4-103 毛发形态参数设置

图4-104 羽绒服完成效果图

任务4.5 拉链效果——机车夹克制作

4.5.1 机车夹克制作新工具

使用"拉链"工具，可以给服装添加拉链。

4.5.1.1 "拉链"工具的用法

在2D窗口从需要安装拉链的一条边起点出现蓝色圆点开始，先单击左键，再松开左键移动鼠标到结束点，双击结束，重复同样的操作完成另外一边的拉链安装，按空格键模拟，拉链完成安装。

4.5.1.2 拉链布带、拉齿属性编辑面板

在3D窗口左键单击拉链布带或拉齿，会出现对应的属性编辑器面板，如图4-105所示。（注：属性编辑器面板下的"材质"参数与织物面料"材质"参数一致，这里不再重复讲述。）

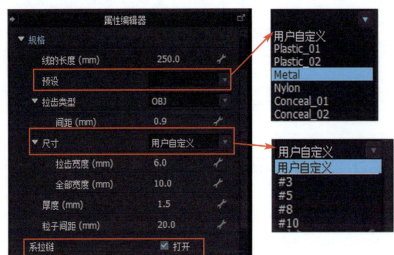

图4-105　拉链布带、拉齿属性编辑器面板

调整线的"长度"参数，可修改拉链布带或拉齿的长度；打开"预设"右边的下拉小三角按钮，可以选择塑料或金属不同类型的拉链。

拉链布带、拉齿尺寸修改方法如下。打开尺寸右边的下拉小三角按钮，可以选择#3、#5、#8、#10或自定义拉链的大小，数值越大，拉链布带或拉齿越宽、越大；"拉齿宽度"数值越大，拉齿越粗；"全部宽度"数值越大，拉链布带越宽；勾选"系拉链"，拉链呈拉合状态，不勾选"系拉链"，拉链呈打开状态。

4.5.1.3 拉头属性编辑面板

在3D窗口左键单击拉头，会出现对应的属性编辑器面板，如图4-106所示。（注：属性编辑器面板下的"材质"参数与织物面料"材质"参数一致，这里不再重复讲述。）

在拉头属性编辑器面板，可选择不同的拉头、拉片、止口款式，调整规格大小，调转系的方向等。

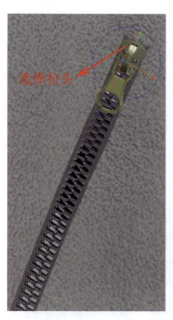 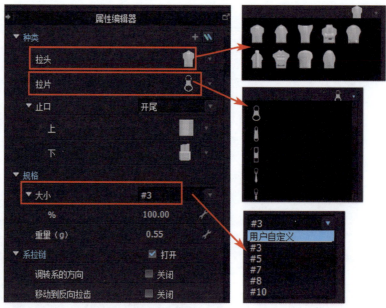

图4-106 拉头属性编辑器面板

4.5.2 机车夹克制作

图4-107所示是机车夹克板片结构，分别为袖片、前片、后片、衣领、口袋。本案例将学习运用"拉链"工具制作机车夹克拉链效果。

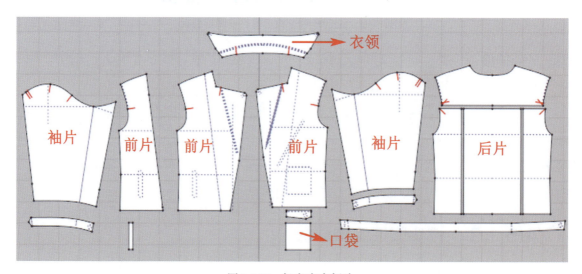

图4-107 机车夹克板片

4.5.2.1 机车夹克板片整理安排

（1）模特导入

在图库窗口双击左键，打开"虚拟模特"文件夹，双击左键打开"男模V2"文件夹，选择一款东方男模特，双击左键导入3D操作窗口。

（2）板片导入

在"文件"菜单下导入机车夹克DXF板片，在2D窗口将板片围绕模特剪影摆放好。

（3）3D服装窗口板片安排

因导入的机车夹克在3D窗口已经对应模特排好位置，可以不用重置2D安排位置。

板片点安排方法如下。按Shift+F键打开点安排，将机车夹克板片对应模特的点进行安排，在点安排过程中，注意模特右手边的2块前片，小块的板片离模特远一些，大块的板片离特近一些，安排成前后层次关系，最后效果图如图4-108所示。

图4-108　机车夹克板片点安排效果图

4.5.2.2　机车夹克缝合

（1）袖子缝合

① 前袖窿缝合。按M键，运用"自由缝纫"工具将袖片前袖窿与前片袖窿缝合，缝纫顺序按照图4-109中红色数字所示，缝纫方向按红色箭头方向所示。

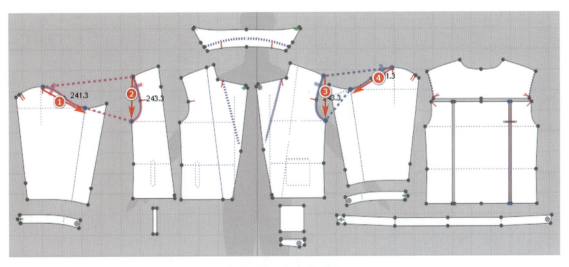

图4-109　前袖窿缝合

② 后袖窿缝合。左键长按"自由缝纫"工具，然后选择"M:N自由缝纫"工具，将袖片后袖窿与后片袖窿缝合，缝纫顺序按照图4-110中红色数字所示，缝纫方

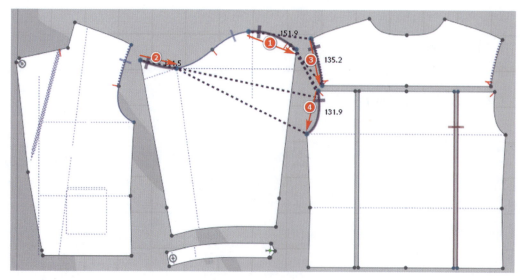

图4-110 后袖窿缝合

向按红色箭头方向所示。

③ 袖身、袖口缝合。按M键,运用"自由缝纫"工具将两侧的袖口、袖身缝合,缝纫顺序按照图4-111中红色数字所示,缝纫方向按红色箭头方向所示。

（2）前片缝合

按I键,打开"勾勒轮廓"工具,将模特右手边大的板片内部基础线勾勒成内部线,如图4-112黄色线所示,再将大小2块前片的侧缝、袖窿、肩线、重叠部分缝合,注意将缝纫类型改为"叠缝",缝纫顺序按照图4-113中红色数字所示,缝纫方向按红色箭头方向所示。

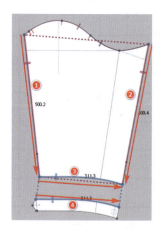

图4-111 袖身、袖口缝合

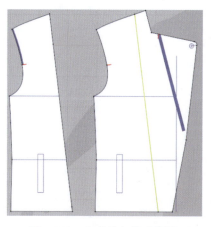

图4-112 右前片勾勒内部线

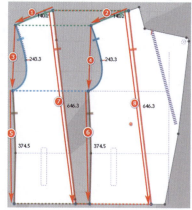

图4-113 右前片缝合

（3）后片缝合

左键长按"自由缝纫"工具，选择"M:N自由缝纫"工具，将图4-114中红色数字1和2、7和8所示部分缝合；再按N键，用"线缝纫"工具，将图4-114中红色数字3和4、5和6所示部分缝合，缝纫顺序缝纫方向按红色箭头方向所示。

（4）前片、后片缝合

按M键，运用"自由缝纫"工具将前片与后片侧缝、肩线、下摆缝合，缝纫顺序按照图4-115中红色数字所示，缝纫方向按红色箭头方向所示。

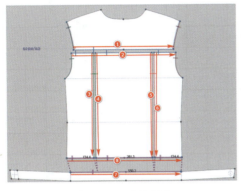
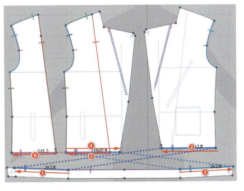

图4-114　后片缝合　　　　　　　图4-115　前片下摆缝合

（5）翻领缝合

按M键，运用"自由缝纫"工具将立领与前片和后片缝合；缝纫顺序按照图4-116中红色数字所示，缝纫方向按红色箭头方向所示。

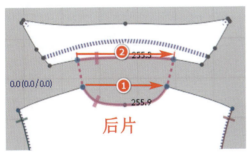
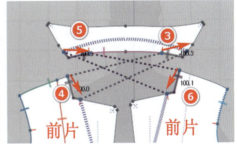

图4-116　翻领缝合

最后缝纫关系和缝合效果如图4-117所示。

图4-117　衣身缝纫关系和缝合效果

（6）口袋缝合

按I键，打开"勾勒轮廓"工具，将左右前片板片内部贴袋和插袋的基础线勾勒成内部线，如图4-118黄色线所示，再将口袋板片与口袋内部线缝合。

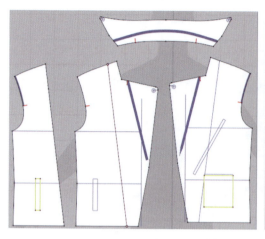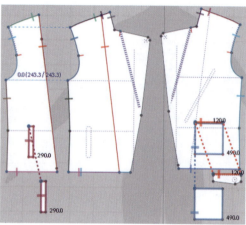

图4-118 口袋缝合

单击左键选中口袋板片，先将其解冻，再单击右键打开右键菜单，选择添加到外面，按空格键模拟，口袋缝合效果如图4-119所示。

4.5.2.3 添加拉链

（1）门襟拉链添加

在2D窗口将鼠标放到模特右边较小的前片要装拉链的一条边上，当出现蓝色圆点时，先单击左键，再松开左键移动鼠标到结束点，双击结束，重复同样的操作完成另外一边的拉链安装，按空格键模拟，拉链完成安装，如图4-120所示。

 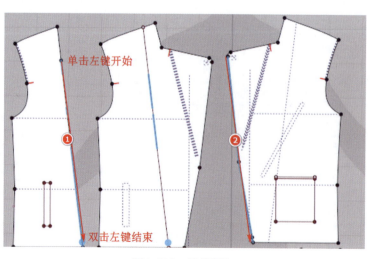

图4-119 口袋缝合效果　　　　图4-120 拉链添加

先在3D窗口左键单击拉链布带，打开其属性编辑器调整参数；再左键单击拉头打开其属性编辑器调整参数，具体参数设置如图4-121所示。

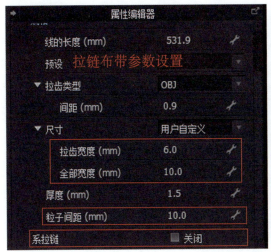
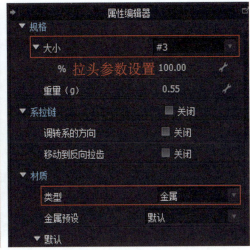

图4-121　拉链布带、拉头参数设置

（2）前片装饰拉链添加

① 切开安装拉链的位置。按I键打开"勾勒轮廓"工具，单击左键选择模特左手边前片装拉链位置的基础线，按Enter键勾勒成内部线，然后按A键切换到"调整板片"工具，单击左键选择勾勒的内部线，再单击右键，打开右键菜单选择"切断"，将切断出的板片按Delete键删除。

② 装饰拉链添加。在2D窗口将鼠标放到切开的一条边上，当出现蓝色圆点时，先单击左键，再松开左键移动鼠标到结束点，双击结束，重复同样的操作完成另外一边的拉链安装，按空格键模拟，拉链完成安装，如图4-122所示，拉链参数设置与门襟拉链设置一致。

机车夹克拉链添加

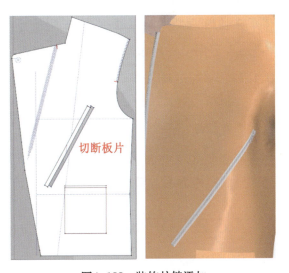

图4-122　装饰拉链添加

4.5.2.4　衣领翻褶

按I键打开"勾勒轮廓"工具，将衣领中的基础线勾勒成内部线，再选择中间的一条内部线运用"折叠安排"工具，将衣领翻褶，如图4-123所示。

4.5.2.5 门襟翻褶

按I键打开"勾勒轮廓"工具,将左右前片的基础线勾勒成内部线,再选择中间的一条内部线运用"折叠安排"工具,将门襟翻褶,如图4-124所示。

4.5.2.6 添加纽扣、扣眼

（1）添加纽扣、扣眼

在3D窗口工具栏,左键单击"纽扣"工具,在门襟、衣领、袖口上标示扣子和扣眼的位置,逐一单击左键添加纽扣和扣眼。在物体窗口选中扣子,打开扣子属性编辑器面板,打开"图形"下面的"纽扣"图标,选择扣子形状,调整扣子"材质"为金属,"颜色"为银灰色。

（2）系袖口处扣子

在袖口两侧的边缘部位添加"固定针箱体",再运用坐标定位球调整袖口处位置,如图4-125所示。

左键单击"系纽扣"工具切换到该工具,先左键单击纽扣,松开左键,移动鼠标到扣眼,再次左键单击"扣眼",完成系纽扣,用同样的操作方法,系好另一边袖口的扣子。

4.5.2.7 面料设置

按住左键框选所有的板片,单击右键,在右键菜单选择"解除硬化",在物体窗口选择织物面料,在属性编辑器下的"纹理贴图"选用"机车夹克纹理贴图",再勾选"冲淡颜色",在色彩面板调整喜欢的色彩;在"法线贴图"选用"机车夹克法线贴图",完成面料纹理和色彩设置;将物理属性细节参数设置如图4-126所示,让服装廓形更加硬挺。

图4-123 衣领翻褶　　图4-124 门襟翻褶

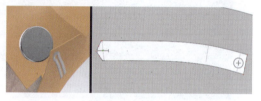

图4-125 调整袖口扣子和扣眼位置

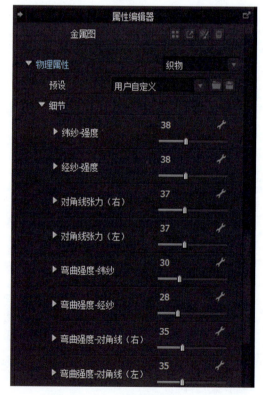

图4-126 面料物理属性细节参数

最后将所有板片添加"粘衬",并将"粒子间距"数值调到5,将模拟属性下的"增加厚度-渲染"数值调为2,完成效果图如图4-127所示。

图4-127 机车夹克完成效果图

任务4.6 明线效果——破铜牛仔裤制作

4.6.1 破洞牛仔裤制作新工具

4.6.1.1 明线类工具用法

在2D工具栏,左键长按"线段明线"图标打开"隐藏"工具,有"线段明线""自由明线""缝纫线明线"3种,如图4-128所示,

图4-128 明线类型

图4-129 明线效果

操作方法与"线缝纫""自由缝纫"相同,明线效果如图4-129所示。

(注:在板片内部缝纫明线,要先画出内部线或用勾勒轮廓勾勒成内部线,再用线段明线或自由明线进行缝纫。在模拟状态下,明线效果在3D窗口不显示。)

删除明线方法如下。左键单击"编辑明线"工具 ,选中一段明线,按Delete键,可删除明线。

4.6.1.2 明线属性编辑器面板

在物体窗口左键单击明线,可打开属性编辑器面板,如图4-130所示。(注:属性编辑器面板下的"材质"参数与织物面料"材质"参数一致,这里不再重复讲述。)

图4-130 明线属性编辑器

选择不同的"间距"数值，明线与缝线的间距不同；"明线数量"可选择1或多条；选择不同的"长度"数值，针脚长度不同；"规格"下的"间距"用来调整多条明线之间的间距；"线的粗细"数值越大，明线越粗。

4.6.2 破洞牛仔裤制作

图4-131所示是破洞牛仔裤板片结构，分别为腰头、裤袢、后片育克、臀袋、后片、前片、前插袋、破洞。本案例将学习运用"明线"工具制作牛仔裤明线、褶皱效果。

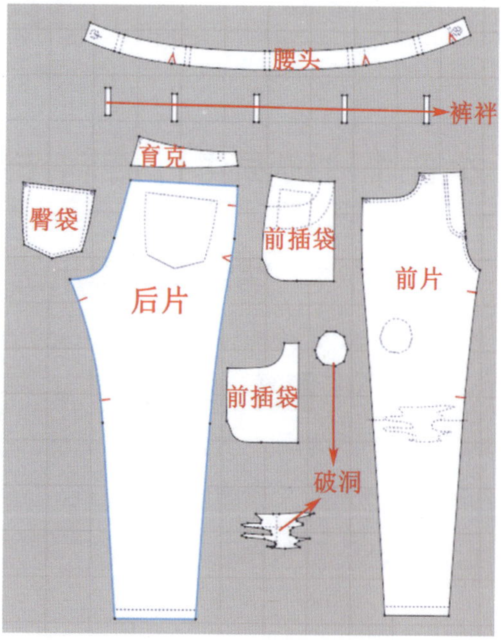

4.6.2.1 制作板片整理安排

图4-131 破洞牛仔裤板片

（1）模特导入

在图库窗口双击左键，打开"虚拟模特"文件夹，双击左键打开"男模V2"文件夹，选择一款东方男模特，双击左键导入3D操作窗口。

（2）板片导入

在文件菜单下导入破洞牛仔裤DXF板片，在2D窗口将板片围绕模特剪影摆放好，按Ctrl+D键打开"对称板片（对称板片和缝纫线）"命令，复制出另外一边的前片和后片，口袋片如图4-132所示。

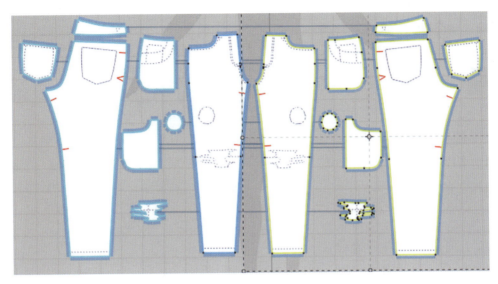

图4-132 补齐牛仔裤板片

（3）3D服装窗口板片安排

因导入的破洞牛仔裤在3D窗口已经对应模特排好位置，可以不用重置2D安排位置。

板片点安排方法如下。按Shift+F键打开点安排，将破洞牛仔裤板片对应模特的点进行安排，在点安排过程中，注意前片与插袋板片、后片与臀袋的层次关系排列，最后效果如图4-133所示。

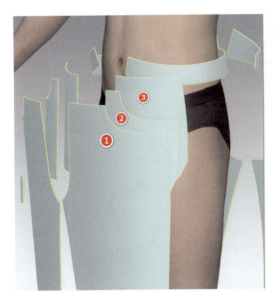
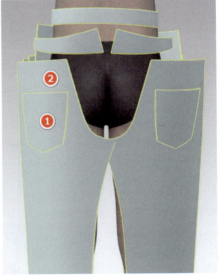

图4-133 破洞牛仔裤板片点安排

4.6.2.2 破洞牛仔裤缝合

先选择口袋、裤衩、破洞板片将其冷冻。

（1）前后裤腿外侧缝缝合

在2D窗口对着"自由缝纫"工具 ，长按左键选择"M:N自由缝纫"工具，运用"M:N自由缝纫"工具将后片与前片侧缝缝合，缝纫顺序按照图4-134中红色数字所示，缝纫方向按红色箭头方向所示。

（2）前后裤腿内侧缝缝合

按M键，运用"自由缝纫"工具将裤腿后片与前片内侧缝缝合，缝纫顺序按照图4-135中红色数字所示，缝纫方向按红色箭头方向所示。

（3）前裆、后裆、育克缝合

① 前裆位缝合。按M键，运用"自由缝纫"工具将前裆位缝合，缝纫顺序按照图4-136中红色数字所示，缝纫方向按红色箭头方向所示。

② 后裆位、育克缝合。运用"M:N自由缝纫"工具进行后裆位缝合，运用"线缝纫"工具将后片与育克缝合，缝纫顺序按照图4-137中红色数字所示，缝纫方向按红色箭头方向所示。

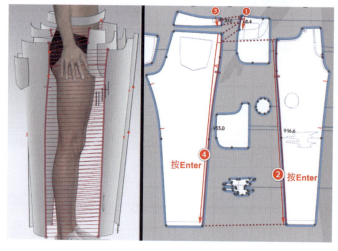

图4-134 前后裤腿外侧缝缝合

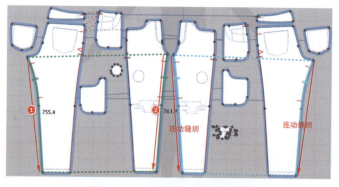

图4-135 前后裤腿内侧缝缝合

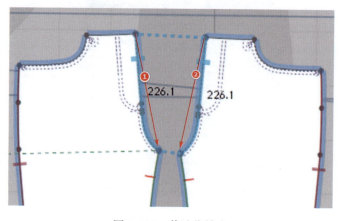

图4-136 前裆位缝合

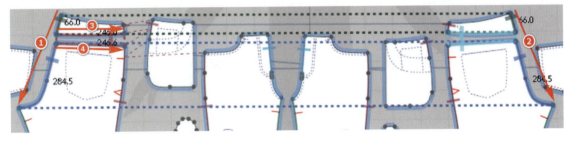

图4-137　后裆位缝合

（4）腰头与前片、插袋底片、育克片缝合

① 腰头与前片、插袋底片、育克片缝合。按M键，先缝合腰头，再按住Shift键，逐段将腰头与模特左手边的前片、插袋底片、育克、右手边的育克、插袋底片、右前片缝合，缝纫顺序按照图4-138中红色数字所示，缝纫方向按红色箭头方向所示。

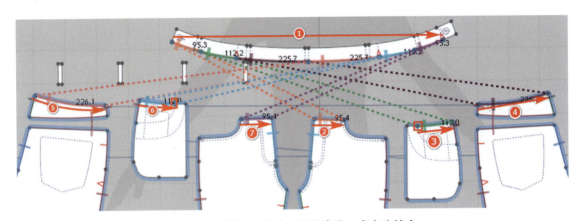

图4-138　腰头与前片、插袋底片、育克片缝合

图4-139　缝合效果

在3D窗口检查板片缝纫线是否有交叉，是否穿透到模特身上，如没有，按空格键模拟，缝合效果如图4-139所示。

② 解决裤子下滑问题

a. 添加纽扣和扣眼。先在3D窗口工具栏，左键单击"纽扣"工具，在腰头标示扣子和扣眼的位置，单击左键添加纽扣和扣眼。在物体窗口选中扣子，打开扣子属性编辑器面板，打开图形下面的"纽扣"工具，选择扣子形状，调整扣子"材质"为金属，"颜色"为银灰色。

b. 系纽扣。左键单击"系纽扣"工具，切换到该工具，先左键单击纽扣，松开左键，移动鼠标到扣眼，再次左键单击扣眼，完成系纽扣。

c. 添加粘衬。左键单击腰头板片，在右侧的属性编辑器下勾选"粘衬",并按空格键进入模拟状态下,用"抓手"工具 将裤子往上拖拽到合适位置。

(注:如果裤子还是往下坠,可以加大粘衬下的物理属性细节的"纬纱-强度""对角线张力""弯曲强度-纬纱""弯曲强度-对角线"参数到35左右。)

(5)前插袋缝合

① 补齐插袋底片缝纫。按住Shift+Q键将裤腿前片隐藏,检查前插袋没有缝合的位置,并用"自由缝纫"工具缝合,效果如图4-140所示。

② 插袋片与前、后裤片缝合。用"自由缝纫"工具将插袋片与前裤片缝合,如图4-141所示。

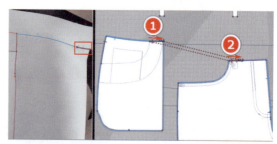
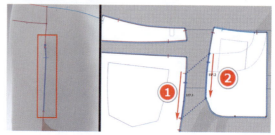

图4-140 补齐插袋底片缝纫

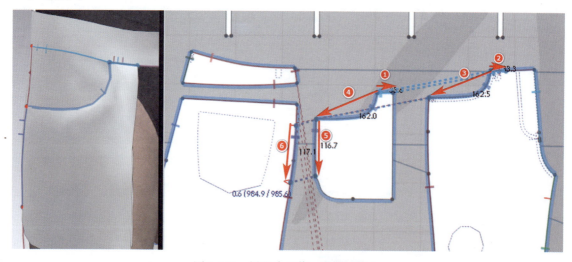

图4-141 插袋片与前、后裤片缝合

(注:如果按空格键模拟后,插袋片露出在裤腿前片上,则可以在2D工具栏左键单击"设定层次"工具 ,先在裤腿前片上单击左键,然后松开左键,移动鼠标到插袋片,再单击左键结束,完成层次设定。注意,当箭头上为+号时,先单击的板片离模特远,后单击的板片离模特近;当箭头上为—号时,先单击的板片离模特近,后单击的板片离模特远。)

(6)臀袋缝合

先按I键打开"勾勒轮廓"工具,将后片臀袋位置的轮廓基础线勾勒成内部线,再用"自由缝纫"工具将臀袋板片与臀袋内部线缝合,如图4-142所示。之后将臀袋板片解

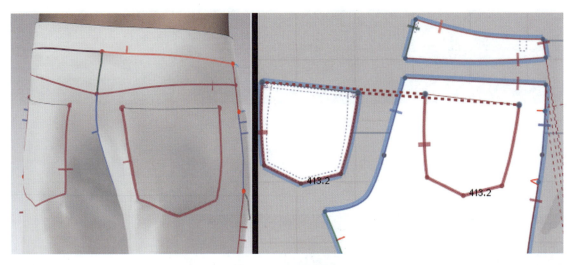

图4-142 臀袋缝合

冻,在3D窗口在右键菜单选择"添加到外面",最后按空格键模拟。

（7）裤袢缝合

用"自由缝纫"工具将裤袢板片与腰头板片缝合,如图4-143所示。

破洞牛仔裤细节虚拟缝制

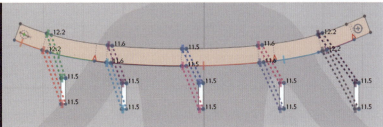

图4-143 裤袢缝合

（8）裤子主面料设置

在物体窗口选择织物面料,在属性编辑器下的"纹理贴图"选用"丹宁布纹理贴图",在"法线贴图"选用"机丹宁布法线贴图",完成裤子主面料纹理设置。

（9）裤子破洞效果设置

首先选中模特右手边的前片,打开右键菜单,选择"解除连动"命令,解除左右前片的连动关系,以免做出两侧前片一样的破洞效果。

① 切断破洞图形。按I键打开"勾勒轮廓"工具,将模特左手边的前片膝盖位置破洞轮廓基础线勾勒成内部线,按A键切换到调整板片工具,左键单击内部图形,再单击右键打开右键菜单,选择"切断"工具,将内部图形切断,按Delete键删除,如图4-144所示。

图4-144 切断破洞图形

② 缝合破洞板片。用"自由缝纫"工具 ，将破洞板片与破洞内部图形缝合，如图4-145所示。用同样的操作完成其他破洞板片缝合。

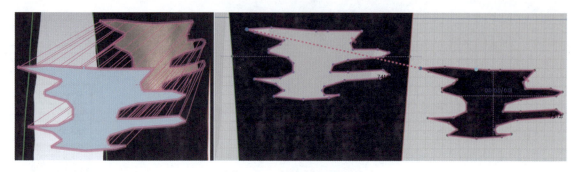

图4-145 缝合破洞图形

③ 破洞效果贴图。首先将所有破洞效果板片选中，打开右键菜单，选择"应用新的织物"，将织物面料"不透明度"调到0，将面料设为透明效果。

然后选中缝好的破洞板片，在2D工具栏通过"贴图"工具 ，选择"破洞纹理贴图1"进行贴图，再运用"调整贴图"工具 调整贴图的大小和位置；在物体窗口打开"贴图"面板 ，选择"破洞纹理贴图1"，打开其属性编辑器，在法线图位置左键单击 图标进去，选择"破洞法线贴图1"进行贴图，效果如图4-146所示，此时3D窗口的破洞在边缘处衔接生硬。

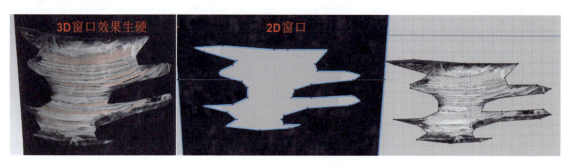

图4-146 破洞图形贴图

破洞在边缘处衔接生硬问题的解决方法如下。按A键，然后选中左前裤腿板片，用破洞板片贴图方法，在裤腿板片破洞位置增加1张"破洞纹理贴图1"和"破洞法线贴

 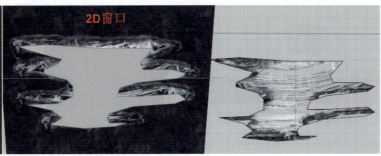

图4-147 优化破洞图形贴图

图1",最后效果如图4-147所示。用同样的贴图方法,完成其他的破洞处理。

④ 洗水效果设置。在左上角的图库窗口,左键单击+号,将提前收集好的"10洗水效果"文件导入软件,双击文件夹打开,选中一款合适的水洗效果,单击右键,选择"增加为贴图",然后在3D窗口对准

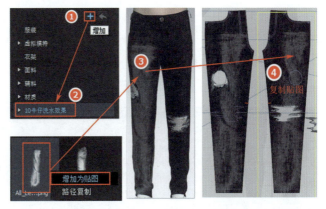

图4-148 洗水效果设置

要设置洗水效果的板片单击左键增加贴图,然后运用"调整贴图"工具调整贴图的位置和大小,打开贴图属性编辑器,调整贴图的色彩和降低"不透明度"数值,最后效果如图4-148所示。用同样的方法,完成其他位置的洗水效果。

牛仔裤破洞、洗水效果制作

(10)明线效果

① 勾勒内部线。在裤子板片上,将前插袋、前门襟、前裆需要缝明线位置的基础线用"勾勒轮廓"工具勾勒成内部线,再选中所有的板片,在右键菜单选择"解除联动",将有联动关系的板片解除联动关系。

图4-149 缝纫明线

② 双线明线缝纫。运用"自由明线"工具在前插袋、前门襟、前裆勾勒的内部线上缝合;再在内外侧缝、后裆、前裆位、后育克、腰头部分外轮廓线上缝纫明线,缝纫明线的位置为玫红色线条,如图4-149所示。

在图库窗口左键单击"明线"工具，打开明线面板，左键单击面板上的明线 ✓ ———— Default Topstitch，打开明线属性编辑器，将明线设置为双线，明线1和明线2的参数设置相同，参数设置如图4-150所示。

图4-150　明线双线参数设置

③ 褶皱效果设置。左键单击物体窗口+"增加"按钮，增加1条明线，用来设置双线缝纫位置的褶皱效果，参数设置如图4-151所示。参数设置好后，运用"自由明线"工具在缝纫双线的位置重新缝纫一遍。

 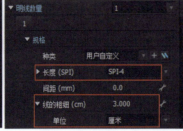 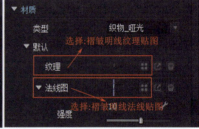

图4-151　明线褶皱效果参数设置

④ 单线明线缝纫。左键单击物体窗口+"增加"按钮，增加1条明线，用来设置裤袢、裤脚褶边明线效果，明线参数设置如图4-152所示。

将所有板片"粒子间距"数值调到5，"增加渲染–厚度"为2，完成效果如图4-153所示。

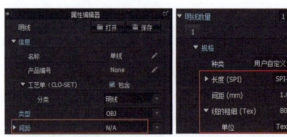

图4-152　单线明线参数设置

牛仔裤明线设置

图4-153　破洞牛仔裤完成效果图

4.6.3　夹克、牛仔裤套装添加

4.6.3.1　打开破洞牛仔裤

在"文件"菜单下左键单击"打开"，再单击"项目"，选择"破洞牛仔裤"源文件打开。

4.6.3.2 添加男T恤

在"文件"菜单下左键单击"增加",再单击"项目",选择"男T恤"源文件打开。在"增加文件项目"对话框,加载类型选"增加",目标只勾选"服装""渲染属性",移动参数下的"X轴""Y轴""Z轴"为0,确保增加的文件在坐标原点位置,在"姿势和尺寸"对话框,勾选"保持当前的虚拟模特尺寸和姿势",如图4-154所示。

为让模拟速度加快,框选所有的板片,将"粒子间距"调回20。框选所有的男T恤板片,在属性编辑器下,将"层"的数值设为1或2,此时板片呈绿色显示,男T恤在破洞牛仔裤外面,层次关系设定好后,再将"层"的数值设为0,此时板片恢复为T恤面料颜色,如图4-155所示。

注:如要设置将男T恤下摆塞进破洞牛仔裤效果,则将"层"的数值先设为-1,再设为0。按空格键模拟后,如果服装穿透模特,没法正常着装,可选择这些板片,单击右键,在右键菜单左键单击"重置3D安排位置(选择的)",然后用定位球在3D服装窗口调整服装板片到合适的位置,再模拟着装。

4.6.3.3 添加机车夹克

在"文件"菜单下左键单击"增加",再单击"项目",选择"机车夹克"源文件打开。在"增加文件项目"对话框,设置参数与男T恤一致。

框选所有的机车夹克板片,将"粒子间距"调回20,在属性编辑器下,将"层"的数值设为4或5,层次关系设定好后,再将"层"的数值设为0。在"虚拟模特"文件下的"姿势"文件夹,选择手臂下垂的动作,更换姿势。

注:在添加套装效果时,模特选择双手打开姿势更合适,避免服装与手臂发生冲突,产生不稳定效果。

最后将破洞牛仔裤、男T恤、机车夹克所有板片"粒子间距"调回8,效果如图4-156所示。

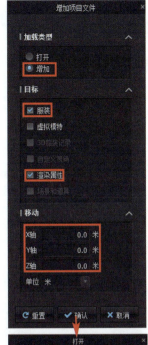

图4-154 "增加文件项目"设置

套装添加

图4-155 添加男T恤　　图4-156 添加机车夹克

任务4.7 男西装制作

4.7.1 男西装板片整理安排

图4-157所示是男西装板片结构,分别为袖片、前片、后片、衣领、口袋。

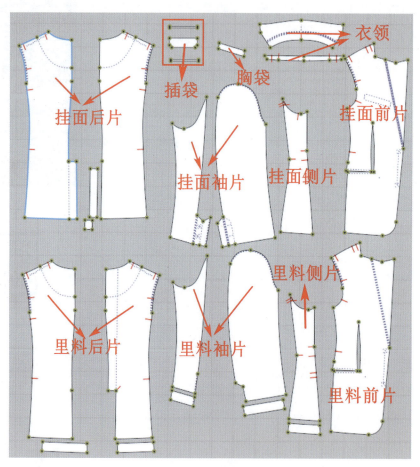

图4-157 男西装板片

4.7.1.1 模特导入

在图库窗口双击左键,打开"虚拟模特"文件夹,双击左键打开"男模V2"文件夹,选择一款东方男模特,双击左键导入3D操作窗口。

4.7.1.2 板片导入

在"文件"菜单下导入男西装DXF板片,在2D窗口将板片围绕模特剪影摆放好。选中挂面、里料的袖片、前片、侧片、口袋板片,按Ctrl+D补齐另外一半板片,如图4-158中黄色线显示的板片所示。

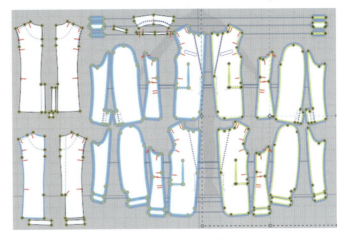

图4-158 补齐板片

4.7.1.3 3D服装窗口板片安排

因导入的男西装在3D窗口已经对应模特排好位置,可以不用重置2D安排位置。

板片点安排方法如下。按Shift+F键打开点安排,将男西装板片对应模特的点进行安排。在点安排过程中,先将挂面和里料板片设为2种织物面料,并将挂面

图4-159 男西装板片点安排

和里料设为不同的颜色,方便进行点安排时区分挂面和里料板片。再将挂面和里料板片前片、后片、袖片、侧片对好位置,例如可以同时选中挂面和里料的前片进行点安排,加快操作速度,最后效果如图4-159所示。

男西装点安排

4.7.2 男西装缝合

男西装里料缝合

4.7.2.1 男西装里料缝合

缝里料前先选择所有挂面板片冷冻,再按Shift+Q键隐藏板片,方便观察缝合的里料板片。

(1)里料前片与侧片缝合

先按N键用"线缝纫"工具将前片口袋位置的省道缝合;运用"M:N自由缝纫"工具将前片与侧片缝合;最后用"线缝纫"工具将侧片与侧片下摆缝合。缝纫顺序按照图

4-160中红色数字所示，缝纫方向按红色箭头方向所示。

（2）里料后片与侧片缝合

运用"M:N自由缝纫"工具将左右后片与侧片缝合，缝纫顺序按照图4-161中红色数字1和2、3和4所示，缝纫方向按红色箭头方向所示；再用"自由缝纫"工具将后片中缝线合缝，左右后肩与前肩缝合，下摆缝合缝纫顺序按照5和6、7和8所示。

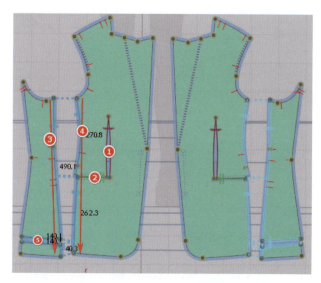

图4-160　里料前片与侧片缝合

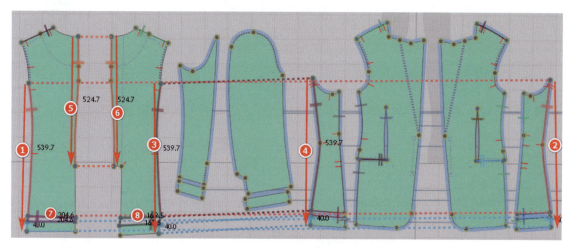

图4-161　里料后片与侧片缝合

（3）里料袖子缝合

① 里料袖窿缝合。先选择袖片、前片，在右键菜单选择"解除联动"，将板片联动关系解除。然后在2D窗口对着"自由缝纫"工具，长按左键选择"M:N自由缝纫"工具，运用"M:N自由缝纫"工具先将一边的袖片袖窿与前片、后片的袖窿缝合，缝纫顺序按照图4-162中红色数字所示，缝纫方向按红色箭头方向所示，最后用相同的方法，完成另一边袖窿缝合。

② 里料袖身缝合。按M键，运用"自由缝纫"工具将袖口、袖身缝合。

检查缝纫线是否有交叉、穿模，如图4-163所示，如正常，按空格键模拟，里料缝纫效果如图4-164所示。

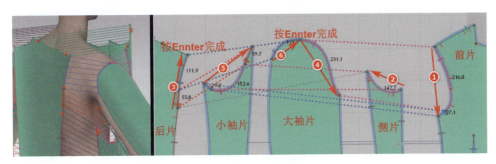

图4-162 里料袖窿缝合

4.7.2.2 男西装挂面缝合

男西装挂面缝合

先将所有挂面板片解冻,再按Shift+Q键显示板片。男西装挂面缝合方法与里料缝合方法类似。

(1) 挂面前片与侧片缝合

先按N键用"线缝纫"工具将前片口袋位置的省道缝合;再运用"M:N自由缝纫"工具将左右前片与侧片缝合。

(2) 挂面后片与侧片缝合

运用"自由缝纫"工具将左右后片与侧片缝合;后片中缝线合缝,左右后肩与前肩缝合。

图4-163 里料缝纫线检查

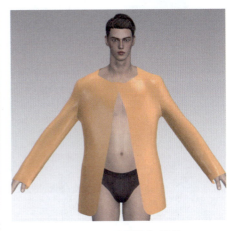

图4-164 里料缝纫效果

(3) 挂面袖子缝合

① 挂面袖窿缝合。先选择袖片、前片,在右键菜单选择"解除连动",将板片连动关系解除。选择"M:N自由缝纫"工具,运用"M:N自由缝纫"工具将袖片袖窿与前、后片的袖窿缝合,缝纫顺序按照图4-165中红色数字所示,缝纫方向按红色箭头方向所示。

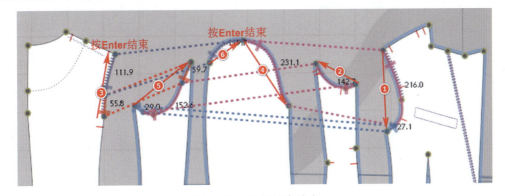

图4-165 面料袖窿缝合

用同样的方法完成另一边袖窿缝合。

② 挂面袖身缝合。按M键，运用"自由缝纫"工具将袖身缝合。

（4）挂面衣领缝合

① 领座与后片、前片缝合。按M键，运用"自由缝纫"工具将领座与后片、前片缝合，缝纫顺序按照图4-166、图4-167中红色数字所示，缝纫方向按红色箭头方向所示。

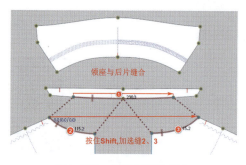 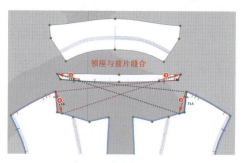

图4-166　领座与后片缝合　　　　　　图4-167　领座与前片缝合

② 领座与领面缝合。图4-168所示。

③ 领面与前片缝合。缝纫顺序按图4-169中红色数字，缝纫方向按红色箭头方向所示。

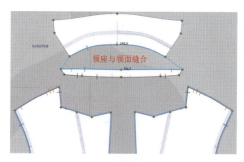 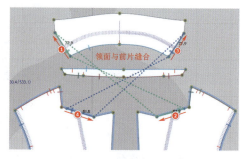

图4-168　领座与领面缝合　　　　　　图4-169　领面与前片缝合

检查挂面缝线是否有交叉、有穿模，如图4-170所示，检查无误后按空格键模拟，效果如图4-171所示。

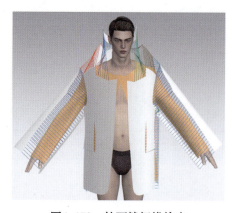 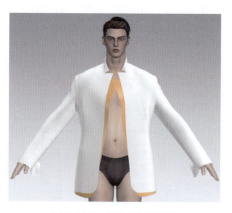

图4-170　挂面缝纫线检查　　　　　　图4-171　挂面缝纫效果

（5）挂面口袋缝合

先按I键打开"勾勒轮廓"工具，将口袋位置的基础线勾勒成内部线，如图4-172中数字1所示；再按M键，运用"自由缝纫"工具将口袋板片与勾勒的内部线缝合，效果如图4-172中数字2所示。用同样的操作，完成左胸装饰袋缝合。

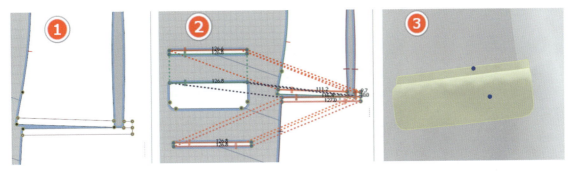

图4-172 挂面口袋缝合

4.7.2.3 男西装挂面和里料缝合

（1）挂面和里料领、肩、门襟缝合

运用"自由缝纫"工具将挂面和里料的前片衣领、门襟、后领、左右肩缝合，缝纫类型改为"叠缝"，缝纫关系如图4-173所示。

男西装挂面和里料开衩缝合

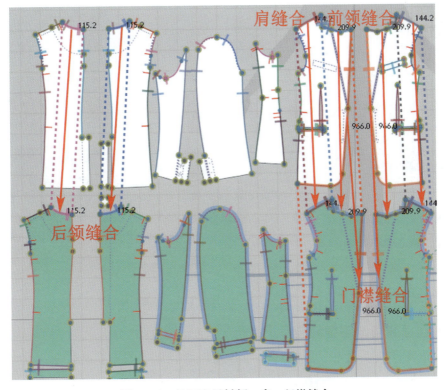

图4-173 挂面和里料领、肩、门襟缝合

（2）挂面和里料袖口缝合

① 挂面袖口开衩缝合。按I键打开"勾勒轮廓"工具，将挂面袖口开衩的基础线勾勒成内部线；然后运用"折叠安排"工具，将袖口开叉翻褶；再运用"自由缝纫"工具将挂面袖口开衩缝合，缝纫类型改为"叠缝"，如图4-174所示。

图4-174 挂面袖口开衩缝合

② 挂面和里料袖口缝合。按M键运用"自由缝纫"工具将挂面和里料袖口缝合，缝纫类型改为"叠缝"，如图4-175所示。

（3）挂面和里料后开衩缝合

运用"M:N自由缝纫"工具将挂面和里料后开衩如图4-176中数字1和2、5和6缝合；再运用"自由缝纫"工具将图4-176中数字3和4、7和8、9和10缝合，缝纫类型改为"叠缝"。

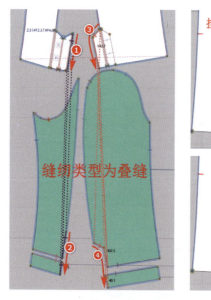

图4-175 挂面和里料袖口缝合

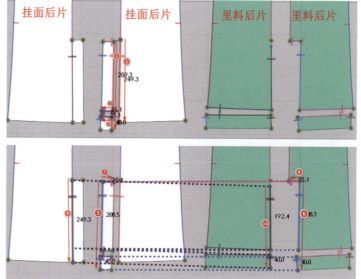

图4-176 挂面和里料后开衩缝合

（4）挂面和里料下摆缝合

按M键运用"自由缝纫"工具将挂面和里料的后片、侧片下摆缝合，缝纫类型改为"叠缝"，缝合效果如图4-177所示。

4.7.3 男西装翻驳领翻褶

按I键打开"勾勒轮廓"工具,将翻领、挂面和里料前片驳领部分的基础线勾勒成内部线;然后运用"折叠安排"工具,将翻领、驳领翻褶,翻褶线分别选择翻领、驳领部分中间的一条内部线翻褶,如图4-178黄色线所示,先翻折翻领,再翻折挂面驳领,最后翻折里料驳领。

选择翻领板片,在右键菜单选择"克隆层内侧",最后选择挂面前片、后片、侧片、翻领、领座,添加"粘衬",让西装廓形更挺拔。

图4-177 缝合效果

4.7.4 男西装袖口、门襟扣子添加

在3D窗口工具栏,左键单击"纽扣"工具,在门襟、袖开衩上标示扣子和扣眼的位置,逐一单击左键添加纽扣和扣眼。

结合"固定针"工具(运用方法见任务4.2中"固定针"工具)将2片门襟、袖开衩的位置调整好,再左键单击"系纽扣"工具切换到该工具,左键单击门襟1颗纽扣,松开左键,移动鼠标到要系的扣眼,再次左键单击"扣眼",完成系纽扣。用同样的操作方法,系好袖口的扣子。

在物体窗口选中扣子,打开扣子属性编辑器面板,打开图形下面的"纽扣"工具,选择扣子形状,"颜色"选择黑色。

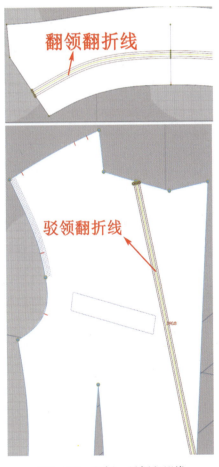

图4-178 翻领、驳领翻褶线

4.7.5 男西装垫肩添加

左键单击图库窗口的"+"号,将"西装垫肩"文件夹导入图库窗口,双击打开"垫肩"文件,选择一款male男性垫肩,单击右键选择"增加到工作区"。在3D窗口,运用

坐标定位球将垫肩移动到模特肩膀合适位置完成垫肩添加；在"姿势"文件下选择双手下垂姿势，更换模特姿势，按空格键模拟，如图4-179所示。

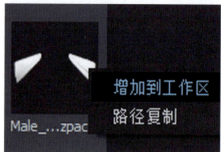
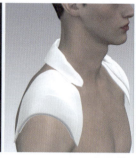
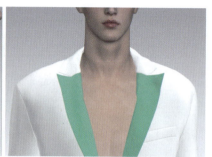

图4-179　男西装垫肩添加

4.7.6　男西装面料添加

（1）挂面面料添加

选择挂面板片，在其织物属性编辑器下的"纹理贴图"选用"羊绒纹理贴图"，"法线贴图"选用"羊绒法线贴图"，"材质"类型选择"织物-丝绒"，"颜色"选择蓝灰色，"反射表面粗糙度强度"为100。

（2）口袋面料添加

选择口袋板片，单击右键，在右键菜单选择"应用新的织物"，在物体窗口选择新的织物面料，并修改名称为"口袋面料"，在其织物属性编辑器下的"纹理贴图"选用"羊绒纹理贴图"，"法线贴图"选用"羊绒法线贴图"，"材质"类型选择"织物-丝绒"，"颜色"选择蓝灰色，"反射表面粗糙度强度"为70。

（3）里料面料添加

选择里料板片，在其织物属性编辑器下的"纹理贴图"选用"涤纶里布纹理贴图"，"法线贴图"选用"涤纶里布法线贴图"，"材质"类型选择"织物-丝绒"，"反射表面粗糙度强度"为70。

最后将所有板片的"粒子间距"数值调到10，完成效果图如图4-180所示。

图4-180　男西装完成效果图

项目学习总结

1. 为保证板片缝纫后模拟着装效果平顺，在进行板片点安排后，要多角度旋转模特，确保板片与模特之间要预留一定的空间距离，不要让板片穿透模特。
2. "粒子间距"数值越小，板片边缘转折越圆顺，计算机模拟速度越慢；"粒子间距"数值越大，板片边缘转折越尖锐，计算机模拟速度越快。在衣服完成全部缝纫和细节调整后，最后可将"粒子间距"数值在5～10之间调整。
3. "层"的数字越大，板片离模特距离越远；数字越小，板片离模特距离越近。设定层次后，板片会显示为荧光绿。按照需要的顺序将服装穿好后，将所有板片的"层"恢复为0。服装穿好后，"层"变为0也不会影响其状态。
4. 添加套装效果时，注意将每套服装的模特动作、姿势调整为一致，方便衣服的着装添加。
5. 添加套装效果时，先打开贴身的服装文件，再增加合体的服装文件，最后增加宽松的服装文件。
6. 在添加套装效果时，模特选择双手打开姿势更合适，避免服装与手臂发生冲突，产生不稳定效果。

思考题

1. 如需制作百褶裙，运用什么工具可以快速制作褶裥效果？
2. 如要将衬衫门襟上的扣子系好，系扣之前，要将板片做哪些调整可以顺利系好扣子？
3. 如何制作牛仔面料的破洞效果？
4. 如何添加服装拉链效果？

参考文献

[1] 郭瑞良，姜延，马凯.服装三维数字化应用.上海：东华大学出版社，2020.

[2] 王静.CLO3D服装虚拟仿真设计与应用基础.北京：中国水利水电出版社，2023.

[3] 戎理璐.CLO3D服装数字化应用教程.上海：东华大学出版社，2023.

[4] 王舒.3D服装设计与应用.北京：中国纺织出版社，2019.

[5] 谢红，张云，阮兰.服装CAD制版与应用实例.北京：化学工业出版社，2020.

[6] 姜延，马凯.服装数字科技.北京：中国纺织出版社，2023.

[7] 何歆.服装制版手册.北京：化学工业出版社，2021.

[8] 吴晓天，廖晓红.服装款式电脑拓展设计.上海：东华大学出版社，2021.

[9] 谢国安.服装款式、纸样与工艺——女衬衫.上海：东华大学出版社，2020.

[10] 倪勇，龚士顺.3ds Max室内效果图制作实例教程.北京：人民邮电出版社，2023.